JN083708

Remotte(リモッテ)ではじめる
リモート操作アプリ開発

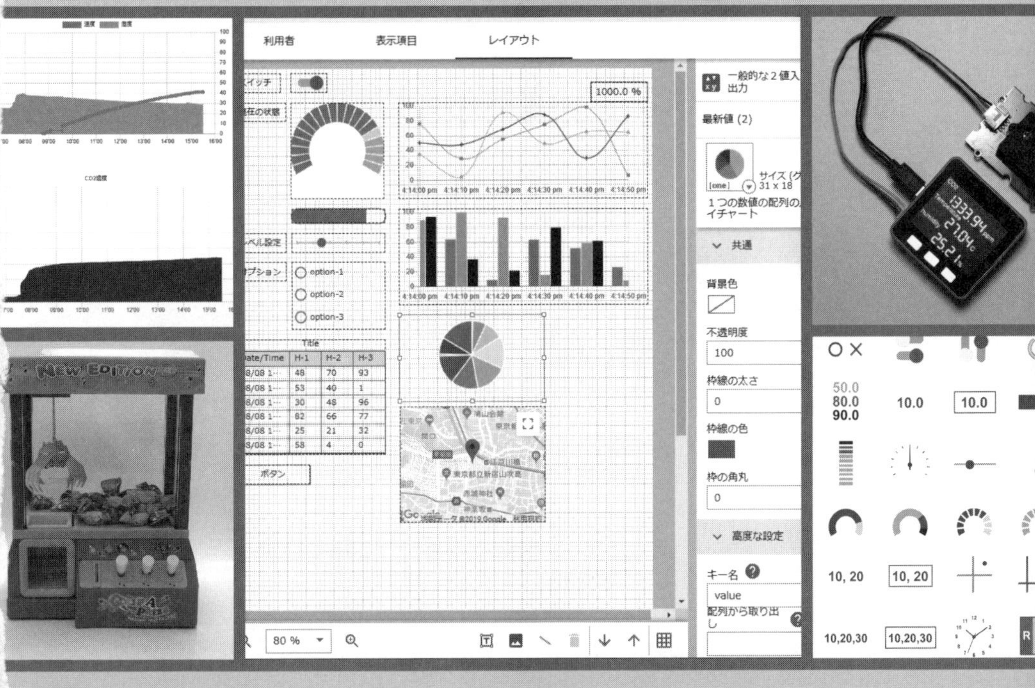

はじめに

最近は、「IoT」を使ったシステムの構築が盛んですが、いざ、IoTのシステムを作っても、操作画面を作るのは複雑で大変です。

・見栄えの良いユーザーインターフェイスをどう作る？
・ファイアウォールの中にある機器に、どうやってインターネットからアクセスさせる？
・ユーザー認証は、どうする？

など、基本的なところから作り込まなければならないからです。

こうした悩みを解決するのが、リモッテ・テクノロジーズ㈱の「Remotte」(リモッテ)です。

Remotteは、「遠隔操作に必要な機能」をすべて提供するプラットフォームです。

Remotteを使えば、「どんな値をユーザーに表示したいのか」「どんな値を処理したいのか」という「対象の値に対する処理」を書いた、小さなPythonプログラムを書くだけで、遠隔操作アプリを作れます。

アプリはブラウザで動くため、PCでもスマホでも操作できます。

ビデオと音声の配信にも対応しているため、「ビデオで現地の状態を見ながら遠隔操作する」というようなシステムも、数十行のコードで実現できます。

ビデオと人工知能の処理を組み合わせれば、「映っている人物の特定」「不審者の検出」「工場のライン異常時の緊急停止処理」など、さまざまな応用システムも作れます。

本書は、このRemotteを使ったアプリ構築法を記した書です。

できるだけ実用的で楽しめるものとするため、作例にもこだわりました。

実用的な作例でありながら、どれもコードが短いのは、Remotteが泥臭い処理を肩代わりしてくれるからです。

こうした作例を通じて、Remotteの魅力が伝わり、皆さんのアプリ構築の手間が少しでも軽減されれば、幸いです。

大澤文孝

CONTENTS

「スペシャルコンテンツ」のダウンロード

本書の「スペシャルコンテンツ」は、工学社のウェブサイトからダウンロードできます。

<工学社ホームページ>

https://www.kohgakusha.co.jp/support/remotte/

ダウンロードしたファイルを解凍するには、下記のパスワードを入力してください。

YC4p3BnG

すべて「半角」で、「大文字」「小文字」を間違えないように入力してください。

スペシャルコンテンツの内容

CO_2センサの接続と家電の制御

[A-1] GROVEのCO_2センサをつなぐ
[A-2] 音で警告を出す
[A-3] 「スマートWi-Fiプラグ」で家電の電源を「オン・オフ」する

ビデオ映像を見ながら機器を遠隔操作する

[B-1] 遠隔操作アプリの例
[B-2] Remotteのメディア機能
[B-3] 「Remotteステーション」の映像や音声をブラウザで見られるようにする
[B-4] キャッチャーゲームを操作するUIを作る
[B-5] 「キャッチャーゲーム」を遠隔操作できるように改造する
[B-6] 「MQTTデータ」を受信してリモート操作できるようにする
[B-7] ビデオ解析する

索引

第1章

Remotteの魅力

「遠隔操作するアプリを作りたい！」
そう思っても、それは容易なことではありません。

「どうやってリモート通信するか」「どんなユーザーインターフェイス(UI)を作るか」など、複雑なことがありすぎるからです。

こうした複雑なことを丸ごと引き受けてくれるのが、「Remotte(リモッテ)」です。
Remotteを使えば、遠隔操作するアプリをわずかなコードで作れます。

1-1 遠隔操作アプリの基盤となるRemotte

Remotteは、遠隔操作アプリの基盤を提供する「All-in-Oneプラットフォーム」です。

*

Windows上で動作する「Remotteステーション」と呼ばれるソフトウェアとして提供され、「Remotteアプリ」と呼ばれる、Pythonで作ったプログラムを実行できます。

この「Remotteアプリ」が、本書で私たちが作っていくプログラムです。

「リモート通信の仕組み」「ユーザーインターフェイスの構築」「データベース機能」などの基本機能は、「Remotteステーション」に含まれているため、「最小限のPythonのコード」を書くだけで、簡単に遠隔操作アプリを作れます(図1-1)。

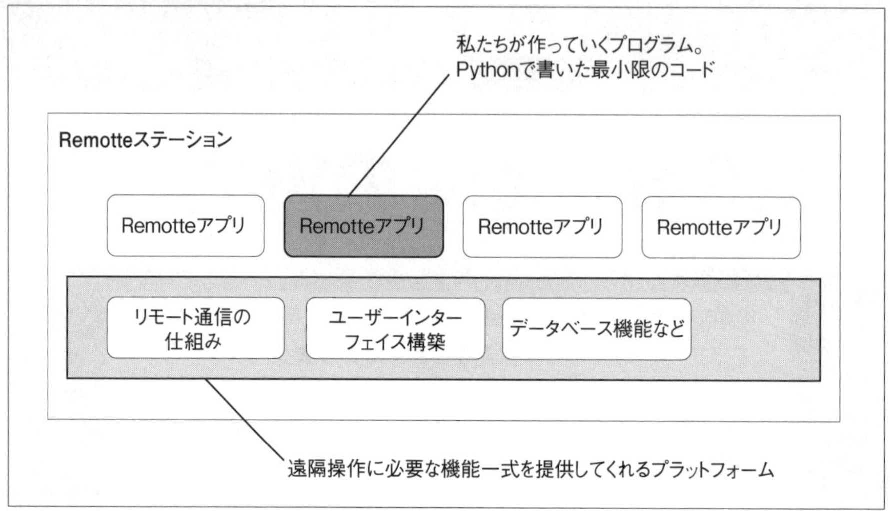

図1-1 「Remotteステーション」と「Remotteアプリ」

■ブラウザを使ったUIと認証機能の提供

Remotteの第一の特徴は、「ブラウザを使った遠隔操作を簡単に実現できる」ということです。

Remotteのようなプラットフォームを使わずに遠隔操作を実現しようとすると、「ユーザー認証をどうするか」「ユーザーインターフェイスをどうするか」という2つの問題が大きな障壁になりがちです。

基盤としてRemotteを使うことで、この2つの問題を解決できます。

●認証機能の提供

Remotteでは、「Google」「Facebook」「Twitter」「LINE」「Microsoft」アカウントの「SNS認証」を使ってユーザー認証します。

動かしているRemotteアプリをインターネットから利用できるようにするには、「Remotteステーション」の管理画面から、「利用者のメールアドレス」を登録します。

そうすることで、SNS認証を通った利用者だけが使えるようになります(**図1-2**)。

つまり、我々がやらなければならないのは、「利用者のメールアドレスを登録すること」だけで、認証のためのプログラムを書く必要はありません。

また、利用者の登録は、「Remotteアプリごと」ではなく、「アプリで提供するページごと」に設定できます。

そのため、「Aさんにはこの画面を見せる(この機能を使わせる)けれども、Bさんにはこの画面を見せない(この機能を使わせない)」というように、利用者ごとのページのカスタマイズも可能です。

[メモ]

「利用者認証」は必須です。
認証なしで使えるような不特定多数向けのシステムを作ることはできません。

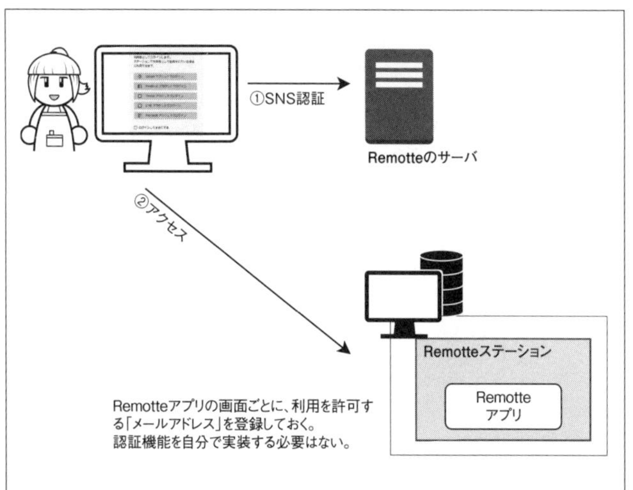

図1-2　利用者のメールアドレスを登録して認証する

●豊富なUI部品の提供

操作画面を作る場合、「テキストボックス」「ボタン」などの「UI部品」、そして、それを制御する「プログラム」が必要です。

「Remotteステーション」は、こうした「UI部品一式」を提供し、ページに配置するだけで使えます。

たとえば、「各種メーター」「ゲージ」「棒グラフ」「折れ線グラフ」「スライダー」「色のプレビュー」など、さまざまな種類のものが提供されています。

Remotteでは、こうしたUI部品のことを、**「表示部品」**と呼んでいます。

表示部品の背景画像や前景画像、ゲージの針、ツマミの形状などは、画像ファイルを指定することでカスタマイズできます。

「Remotteアプリ」は、**「構成要素」**と呼ばれるプログラムの集合から構成されていて、その構成要素ごとに「値を保存する場所」があります。

「値を保存する場所」には、表示部品からもプログラムからもアクセスできます。

そこを「つなげる」ように構成すると、プログラムから書き込んだデータが、ユーザーに表示されます。

「値を保存する場所」は、データベースになっていて、履歴を保存できます。

履歴は、後からCSV形式で取り出せるのはもちろん、「SQLiteデータベース」であるため、プログラム側で取り出して処理することもできます。

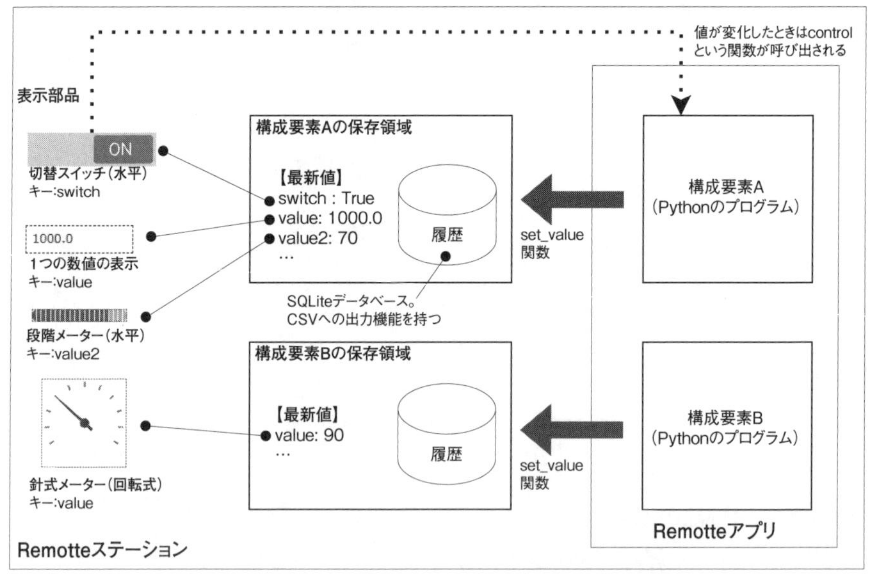

図1-3 RemotteはUI部品を提供する

■動画や音声の配信と分析

また、「動画」や「音声」などの「メディア」に対応しているのも大きな特徴です。

●遠隔地の映像や音声を届ける

Remotteステーションに取り付けた「カメラの映像」や「マイクの音声」を、利用者がアクセスするブラウザ画面で映し出すことができます。

この機能の実現にプログラミングは必要なく、設定画面から、カメラとマイクを設定して、どの場所に映すのかを設定するだけです。

そのため、監視カメラのようなアプリは、ものの数分で作れます(どれだけ簡単なのかは、**「スペシャルコンテンツB」**で紹介します)。

もちろん映像や音声は、ファイルとして保存することもできます。

●映像や音声に対してAI処理などをする

映像のそれぞれの「コマ画像」や、一定期間ごとに区切られた「音声データ」に対して、「Remotteアプリ」では、データ処理できます。

たとえば映像を処理して、「人物を判定する」「何かが動いたときに警告する」などのAI処理を実現できます。音声に対して処理をして、「とても大きな音が鳴っているときは、担当者にメールで通知する」などの仕組みも作れます(**図1-4**)。

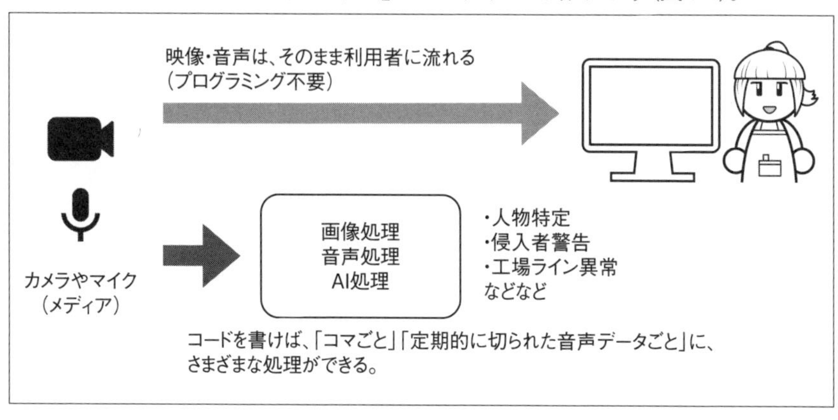

図1-4　映像や音声の処理

●ブラウザ側の映像・音声を処理する

逆に、利用者のブラウザの「カメラ映像」や「マイク音声」も扱えます。

これも配置するだけなので、「Remotteステーションに接続されているカメラ・マイク」と「利用者のブラウザのカメラ・マイク」の両方を使って、互いにビデオ会議するようなシステムは、ものの数分で作れるのは言うまでもありません。

そして、このブラウザ側のカメラやマイクに対しても、「Remotteアプリ」でデータ処理できます。

たとえば、簡単なところだと、「バーコードやQRコード」を撮影して、それをRemotteアプリ側で処理するという例が挙げられますし、少し複雑なところでは、AIを用いて「顔認証」して、本人でなければ使えないようにするなどの使い方も考えられます。

コラム LINEやSlackへの通知機能もある

また、なにげに便利な機能として、「LINE」や「Slack」に通知する機能も提供されています。

そのため異常値の通知なども簡単に実装できます。

1-2 Remotteの使い道

Remotteは、遠隔操作アプリの基盤を提供する「All-in-Oneプラットフォーム」であり、さまざまな使い方が考えられます。

■代表的な実例

実例として、代表的なものをいくつか挙げます。

①センサやデバイスをつないで利用者が操作する

遠隔操作アプリの基盤として考えると、すぐ思いつく使い方は、遠隔地からのセンサの値の取得やデバイスの制御です。

・センサの値の取得

Remotteステーション側に「温度センサ」「湿度センサ」などの各種センサを配置しておき、その値を遠隔からブラウザで参照するような使い方です。

すでに説明したように、センサのデータはデータベースとして保存されるので、グラフ化することもCSV形式で取り出すことも容易です。

またもちろん、センサの値に対してプログラムによる条件判定ができますから、「一定の値を超えたときは警告する」というような仕組みを作ることもできます。

・デバイスの制御

ブラウザの画面に、遠隔から操作するためのボタンやスライダーなどを配置して、それを操作すると、「Remotteステーションにつないでいる機器が動く」というようなものです。たとえば遠隔でモーターを動かすとか、スイッチの「オン・オフ」を制御するといったやり方があります。

---

②センサやデバイスを自動制御する

①のような使い方で、利用者の操作を提供せず、完全自動の自律システムとしての使い方もあります。

「Remotteアプリ」が、「Remotteステーションにつながっているセンサ」などの情報を見て、自動で何かデバイスを制御するようなシステムです。

Remotteではカメラを使った画像処理もできるので、AIと組み合わせれば、「工場のライン上で、何か問題が発生したときに、ラインを緊急停止する」ようなシステムを作るのも容易です。

③センサやデバイスを使わずRemotteステーションだけで構成する

センサやデバイスを使わず、Remotte単体でも、とても便利に使えます。

具体例としてよく使われるのが、「RPAツール」(Robotic Process Automation)として使う方法です。

たとえば、気象情報などをWebからダウンロードして、それをグラフ化するなどです。

「データの記録」「グラフ化」などを自分で作るのは意外と大変なので、それだけでもRemotteを利用する価値があります。

*

本書では、主に①や②の「センサやデバイスを操作する」というところに焦点を当てて説明していきますが、③のようにRemotteステーションにセンサやデバイスをつながない使い方でも、便利なところがたくさんあります。

とくにビデオと音声を使えるので、これと組み合わせたAI処理をしたい場面では、とても威力を発揮するはずです。

*

Remotteの「ストア」には、多くのサンプルアプリが登録されています。

一覧を見て、Remotteでできることが、いかにたくさんあるかを確認してみてください。

[Remotteアプリ]

https://www.remotte.jp/ja/store/appl/1

■本書で扱うセンサやデバイスを用いたサンプル

本書では、センサやデバイスを用いた実例として、次のサンプルを作ります。

①温度・湿度・磁気センサ(第5章)

モノワイヤレス社の「TWELITE ARIA」という、コイン電池で動く「温度・湿度・磁気センサ」を使って、ブラウザから、これらの情報をグラフ化して見られるようにするアプリを作ります。

②液晶付きマイコン「M5Stack」の制御/CO_2センサ/家電の制御(第6章)

M5Stack社の液晶付きマイコン「M5Stack」をRemotteから操作するアプリを作ります。

PDFとして提供する「**スペシャルコンテンツA**」では、M5StackにCO_2センサを付けてCO_2濃度を計測したり、電源コンセントをWi-Fiから制御して、CO_2濃度が上がったときは、サーキュレータ(扇風機)を自動で回すような仕組みも作ります。

③Raspberry Piを使った遠隔操作(スペシャルコンテンツB)

Raspberry Piとリレーを組み合わせて、Remotteからの操作でリレーのオン・オフを制御します。

リレーの先には、おもちゃのキャッチャーゲームをつないでおき、カメラの映像を見ながら、遠隔でキャッチャーゲームが遊べるような仕組みを作ります。

1-3 ライセンスと費用

Remotteは、登録できる利用者のメールアドレス数や最大同時接続数が異なる、いくつかのライセンスがあります。

■一般ライセンス

Remotteに「自分で開発したアプリをインストールして、それを自ら使う」という使い方をする場合のライセンスです。

表1-3に示すように、登録利用者数が「3人」以内で、同時接続数が「2人」以内であれば、完全に無料で利用できます。

表1-3　一般ライセンス

ライセンス名	最大登録件数	最大同時接続数
フリー(無料)	3	2
ベーシック	10	3
プロフェッショナル	30	10
カスタム	100	100

■SI事業者ライセンス

Remotteにインストールしたアプリを、「別のユーザーに提供する」という場合のライセンスです。この場合は、「SI事業者ライセンス」となります。

SI事業者ライセンスでは、Remotteの画面ロゴを変更するサービスもあります(有償)。

趣味で使う場合や業務で使う場合も、同時利用者数が少なく、「自分で開発する」ようなやり方であれば、無料の範囲で使える一方で、本格的にエンドユーザーに何か提供しようという事業者の場合も、SI事業者ライセンスを契約することで、幅広く対応できます。

第2章

Remotteを使うための準備

Remotteを使うには、「Remotteステーション」のインストールと、ユーザー登録が必要です。

この章では、これらの操作をして、Remotteを使うための準備をしていきます。

2-1 Remotteを使うには

Remotteを使うには、「Remotteステーション」のインストールが必要です。

■Remotteのユーザー

Remotteのユーザーは、以下の3種類に分けられます。
この章では、**「管理者」**と**「利用者」**に焦点を当てます。

①管理者

「Remotteステーション」をWindowsパソコンにインストールする人です。
Remotteアプリの追加や利用者の登録も担当します。

②利用者

管理者が追加したアプリを利用する人です。
ブラウザからアクセスするだけで、「Remotteステーション」には、一切触りません。

③開発者

「Remotteアプリ」の開発をする人です。
詳しくは、**第4章**で説明します。

■Remotteを使えるようにするには

Remotteを使えるようにするまでの流れを、**図2-1**に示します。

Remotteは、ブラウザから操作するアプリです。

管理者による「最初のインストール」や「サービスの開始」「停止」などは、パソコンから操作しますが、それ以外の場面では、ブラウザで操作します。

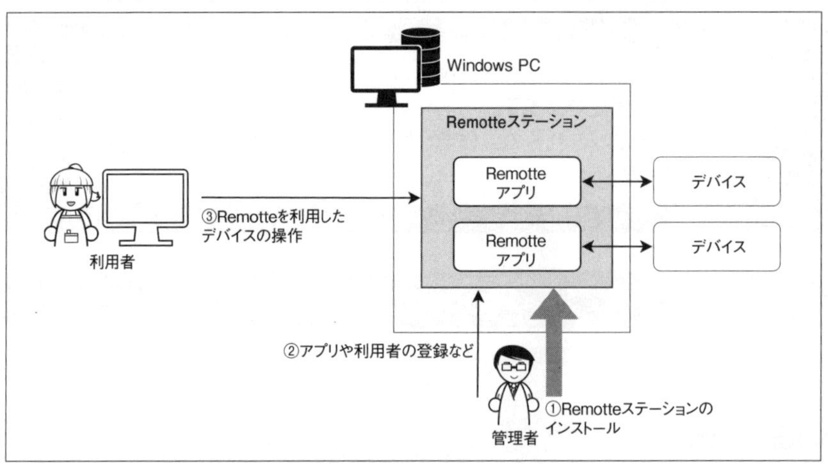

図2-1 Remotteを使えるようにするまでの流れ

2-2 「Remotteステーション」のインストール

Remotteを使うには、まず、「Remotteステーション」をインストールします。

手順 「Remotteステーション」のインストール

[1] 「Remotteステーション」をダウンロードする

Remotteのトップページにアクセスして、いちばん下にある、[今すぐステーションをダウンロード]をクリックします(**図2-2**)。

【Remotteのトップページ】

https://www.remotte.jp/

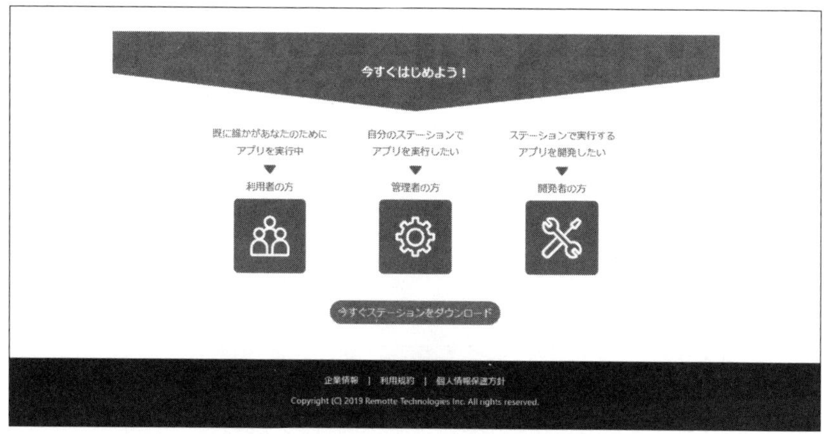

図2-2　Remotteステーションをダウンロードする

[2]「Remotteステーション」のインストールをはじめる

手順[1]でダウンロードしたファイルを、ダブルクリックして起動します。

すると、セットアップウィザードが起動するので、[次へ]をクリックします(図2-3)。

図2-3　Remotteステーションのインストールをはじめる

[3]「使用許諾契約」に同意する

「使用許諾契約書」が表示されます。

スクロールして内容を読み、[使用許諾契約の全条項に同意します]にチェックを付け、[次へ]をクリックします(図2-4)。

[メモ]

いちばん下までスクロールしないと、[使用許諾契約の全条項に同意します]のチェックを付けることはできません。

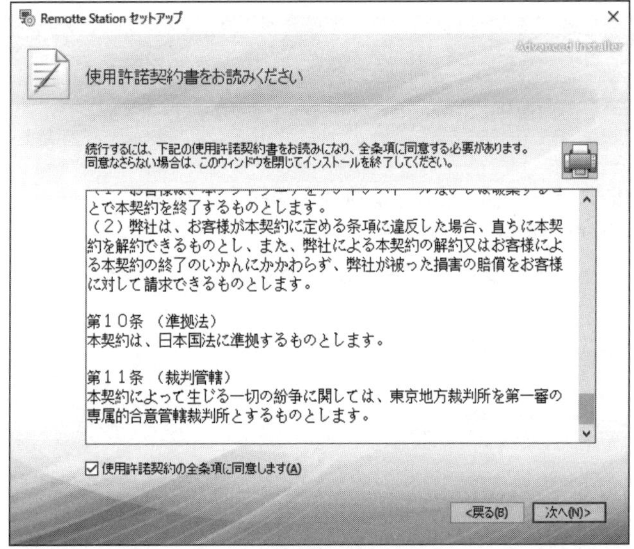

図2-4 使用許諾契約に同意する

[4] インストール先フォルダの選択

インストール先のフォルダを選択します。

変更することもできますが、そのまま[次へ]をクリックします(図2-5)。

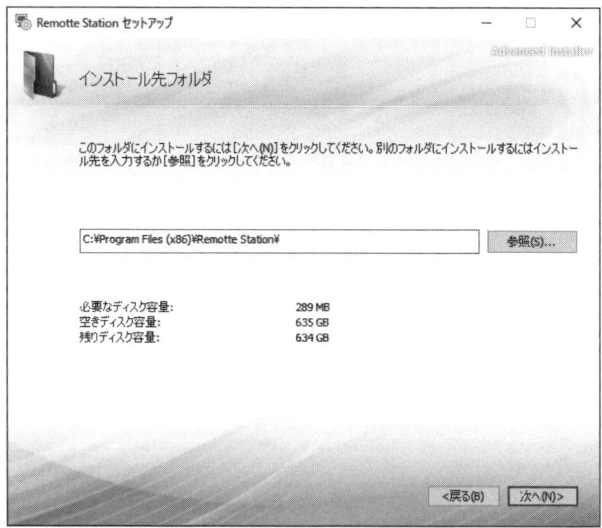

図2-5　インストール先フォルダの選択

[5] インストールの開始

[インストール]ボタンをクリックすると、インストールが始まります(図2-6)。

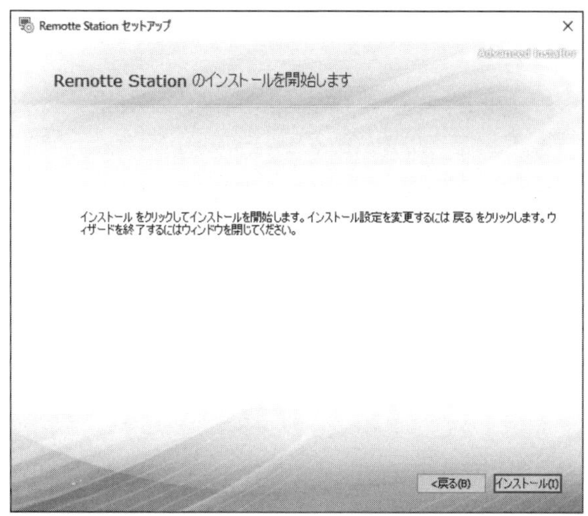

図2-6　インストールの開始

[6] インストールの完了

インストールが完了します(図2-7)。

図2-7 インストールの完了

2-3 Remotteステーションの登録

次に、インストールした「Remotteステーション」を起動し、「登録」という操作をして、使えるようにしていきます。

■「Remotteコントロールパネル」の起動

「Remotteステーション」をインストールすると、[スタート]メニューに[Remotte Station]の項目が追加されます(図2-8)。

また、タスクトレイには、「Remotteステーション」のアイコンが表示され、アイコンを右クリックすると、メニューが表示されます(図2-9)。

どちらの方法でもよいので、「Remotteコントロールパネル」を起動してください。

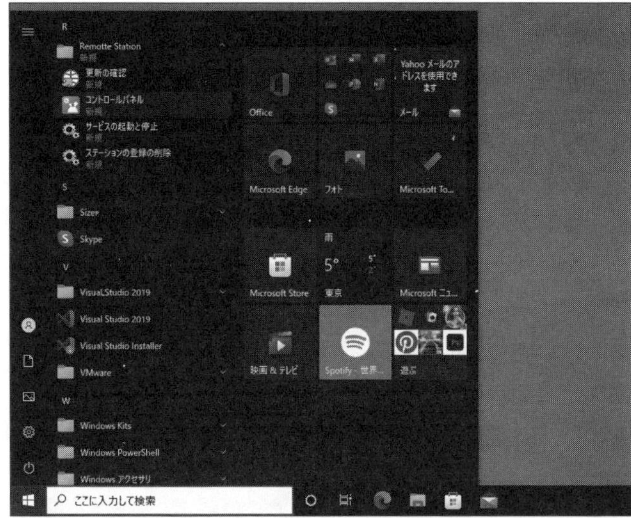

図2-8　[Remotteステーション]メニュー

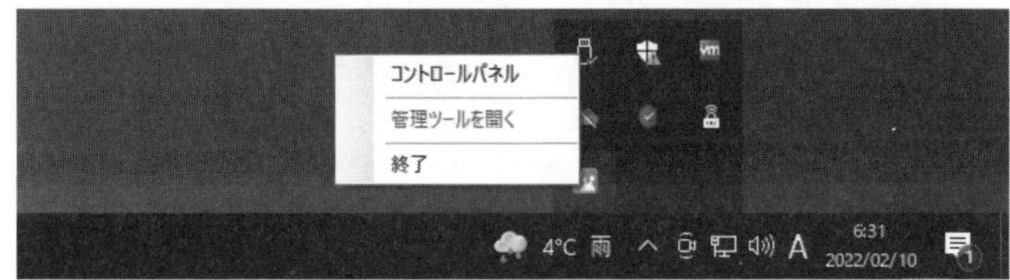

図2-9　タスクトレイに登録されたRemotteステーションのアイコン

コラム　「Remotteサービスがインストールされていません」
「サービスの接続ができません」と表示されたときは

Remotteコントロールパネルを起動したときに、「Remotteサービスがインストールされていません」または「サービスの接続ができません」と表示されたときには、[スタート]—[Remotte Station]—[サービスの起動と停止]をクリックして、「Remotteサービスマネージャ」を起動して、サービスを開始してください。

■Remotteステーションの登録

Remotteを使い始めるには、インストールした「Remotteステーション」を、「Remotteサーバ」に登録する作業が必要です。

登録するには、Remotteコントロールパネルから、次のように操作します。
なお、登録にあたっては、管理者となる「メールアドレス」が必要です。

手 順 「Remotteステーション」を登録する

[1] 「Remotteステーション」を起動する

最初に、「Remotteコントロールパネル」の左上のステータスが「停止」だった場合は、[起動]ボタンをクリックして、「Remotteステーション」を起動します(図2-10)。

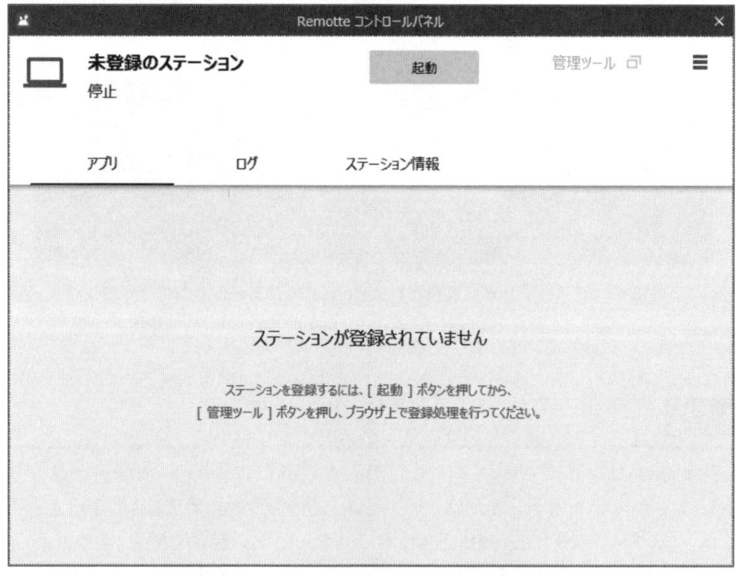

図2-10 Remotteステーションを起動する

[メモ]

もし、左上が「実行中」であれば、この手順は省略してください。

[2]管理ツールを開く

左上のステータスが「実行中」になったら、[管理ツール]をクリックします(図2-11)。

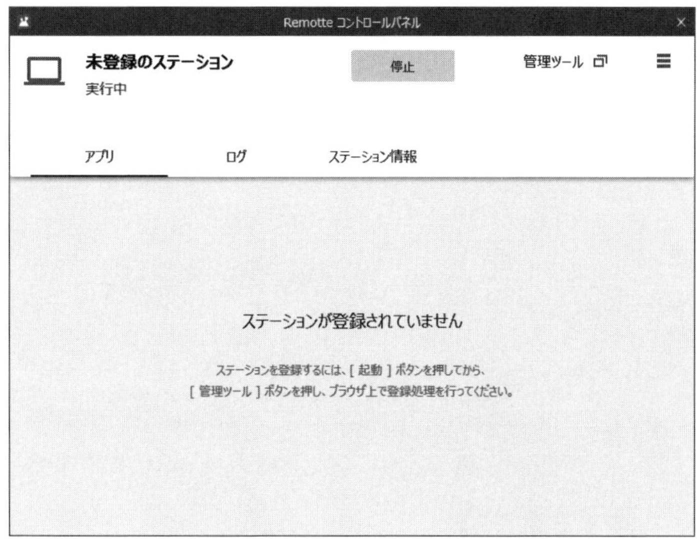

図2-11　管理ツールを開く

[3]使用許諾契約書に同意する

ブラウザが開き、使用許諾契約書への同意画面が表示されます。

[契約書に同意します]にチェックを付け、管理者となるメールアドレスを入力して、[認証コードを取得]ボタンをクリックします(図2-12)。

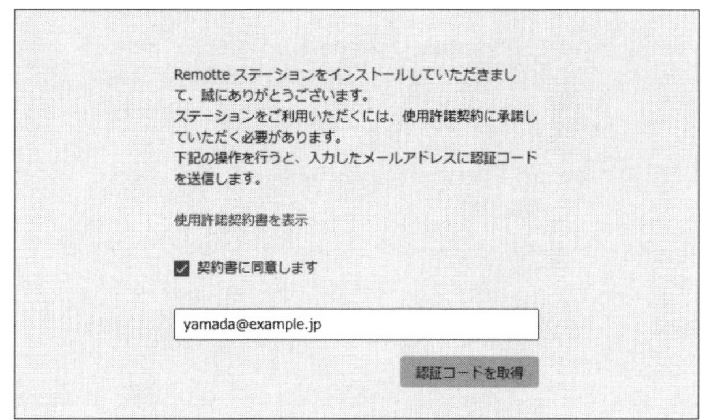

図2-12　使用許諾契約書に同意する

[4] 認証コードを入力する

認証コードが書かれたメールが届きます。記載されている認証コードを入力して、[管理ツールにログイン]ボタンをクリックします(図2-13)。

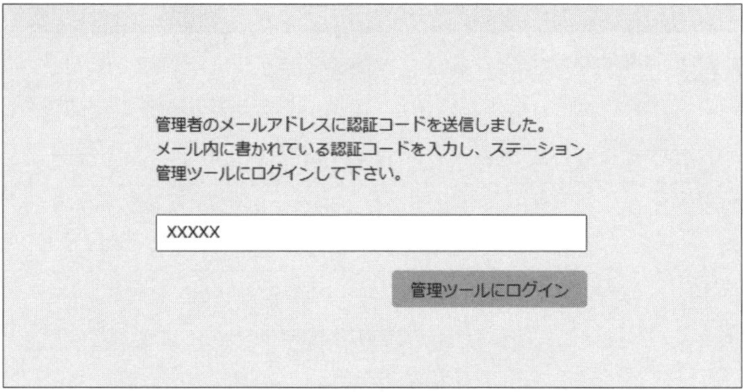

管理者のメールアドレスに認証コードを送信しました。
メール内に書かれている認証コードを入力し、ステーション
管理ツールにログインして下さい。

XXXXX

管理ツールにログイン

図2-13　認証コードを入力して管理ツールにログインする

[5] ステーション名を設定する

このステーションの名前を設定します。
どのような名前でもかまいません。

ここでは、「実験用ステーション」としてみました。
[登録完了]をクリックすれば、ステーションの登録は完了です(図2-14)。

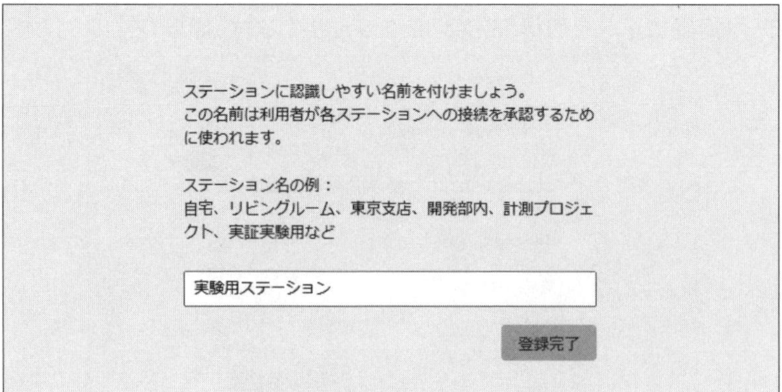

ステーションに認識しやすい名前を付けましょう。
この名前は利用者が各ステーションへの接続を承認するため
に使われます。

ステーション名の例：
自宅、リビングルーム、東京支店、開発部内、計測プロジェ
クト、実証実験用など

実験用ステーション

登録完了

図2-14　ステーション名を設定する

[6] ステーション登録の完了

ステーションの登録が完了すると、**図2-15**の画面が表示されます。

これが「**管理ツール**」です。

ステーションの登録が完了すると、「Remotteコントロールパネル」の画面は、「アプリが登録されていません」に変わります(**図2-16**)。

図2-15　ステーションの登録が完了し、管理ツールが表示された

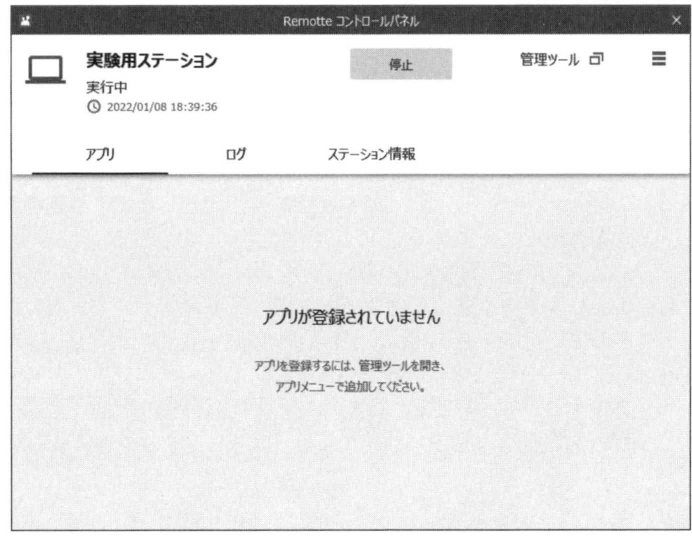

図2-16　Remotteステーションが登録された

2-4 アプリを追加する

これで「Remotteステーション」が動きましたが、アプリを入れていないので、何もできません。

代表的なアプリが「ストア」に登録されているので、それをダウンロードして追加してみましょう。

「ストア」には、たくさんのアプリがありますが、ここでは、PCに何も接続しなくてもすぐに使える「ステーションの管理」というアプリを使ってみます。

このアプリは、「Remotteステーション」の「CPU」や「メモリ」の使用量、「バッテリ」の状態などを表示するアプリです。

手順 「ステーションの管理」アプリを追加する

[1] ストアを開く

図2-15のように管理ツールが開いた状態で、[ストアへ]をクリックして、ストアを開きます。

[メモ]

管理ツールを開いているブラウザを閉じてしまったときは、Remotteコントロールパネルから[管理ツール]をクリックして、もう一度、管理ツールを起動してください。

すると、「Remotteステーション」を登録するときと同じように管理者のメールアドレスを尋ねられます。

管理者のメールアドレスを入力すると認証コードが届くので、その認証コードを入力すれば、管理ツールがもう一度、開きます。

「Remotteステーション」から管理ツールを開くときは、いつでもメールアドレスを入力することによる認証手続きがあります。認証手続きは、コラム「認証手続きを省略する」で示す方法で設定すると、スキップするようにもできます。

[メモ]

管理ツールは、すでに別のブラウザで管理者がログインしている状態で、さらに管理者としてログインする2重ログインはできません。

[2]アプリをダウンロードする

すると、**図2-17**のように、ストアが開き、提供されているアプリの一覧が表示されるので、このなかから追加したいアプリを選びます。

ここでは、**「ステーションの管理」**というアプリを使ってみます。

このアプリは、[監視]のなかにあるので、探して、右側のダウンロードのアイコン(雲のかたちのアイコン)をクリックしてください(**図2-18**)。

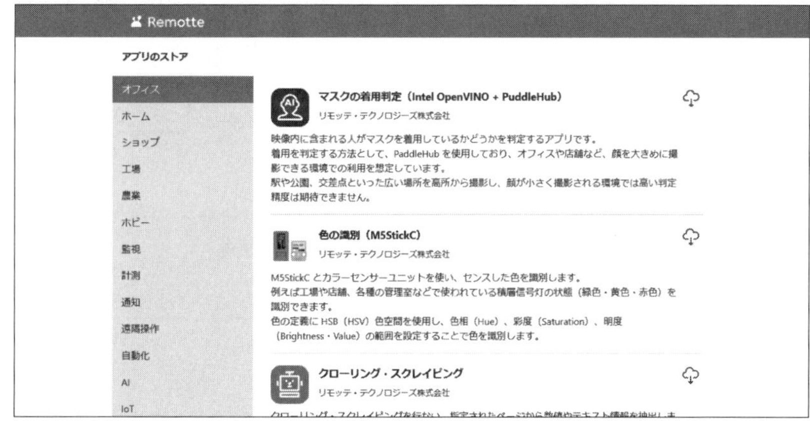

図2-17　ストア

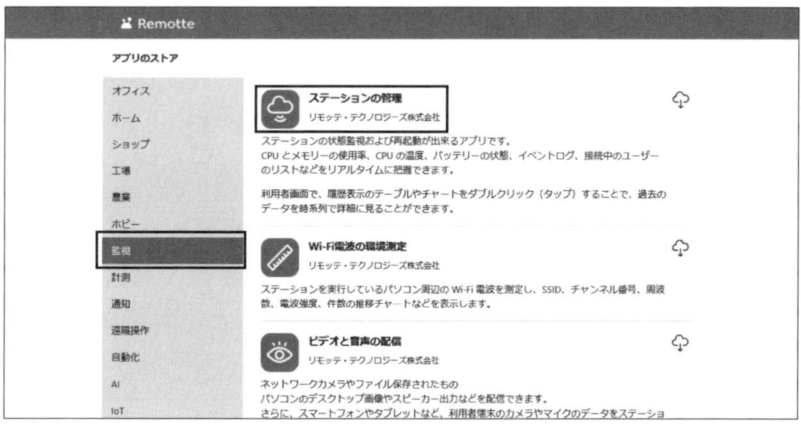

図2-18　[監視]のなかにある「ステーションの管理」をダウンロードする

[3] アプリを追加する

管理ツールの[アプリ]の右側の[...]をクリックしてメニューを表示し、[ファイルから読み込み]を選択します(**図2-19**)。

すると、ファイルの選択画面が表示されるので、**手順[2]**でダウンロードしたファイルを選択します(**図2-20**)。

図2-19 [ファイルから読み込み]を選択する

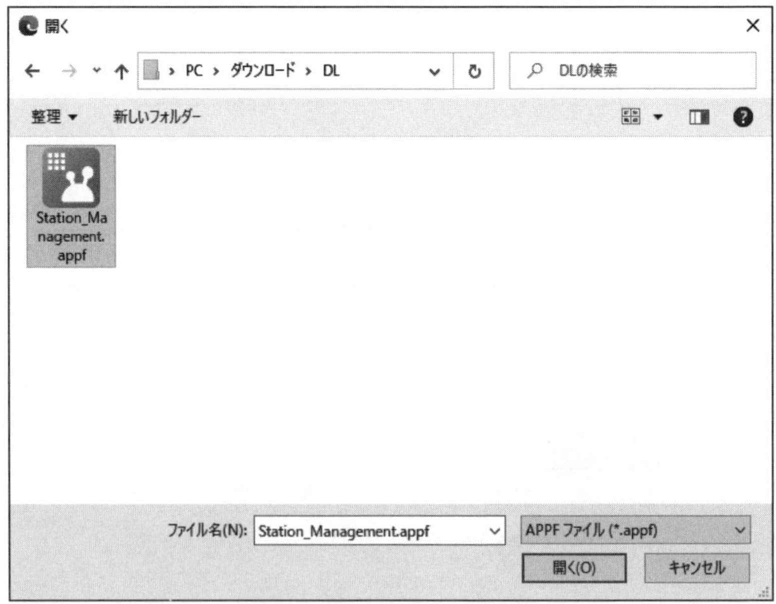

図2-20 アプリファイルを選択する

[4] アプリ読み込みの完了

アプリの読み込みが完了すると、**図2-21**のように追加されます。

このままではまだ追加されただけで、開始されていないので、[開始]ボタンをクリックしましょう。

なお、追加したアプリは、管理ツールだけでなく、「Remotteコントロールパネル」にも追加されます。

開始の操作は、こちらの「Remotteコントロールパネル側」から行なってもかまいません(**図2-22**)。

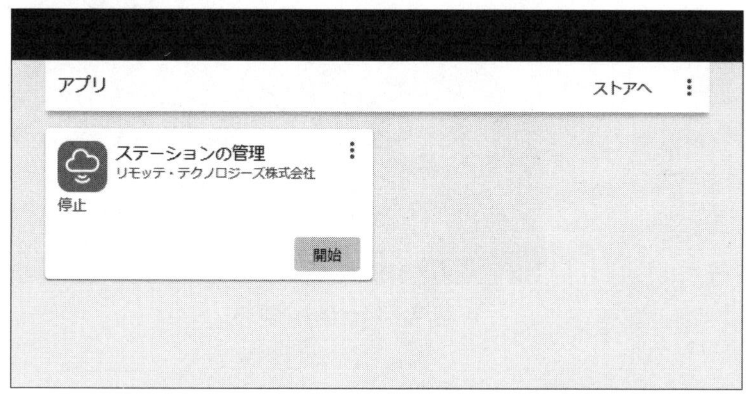

図2-21　アプリが追加された

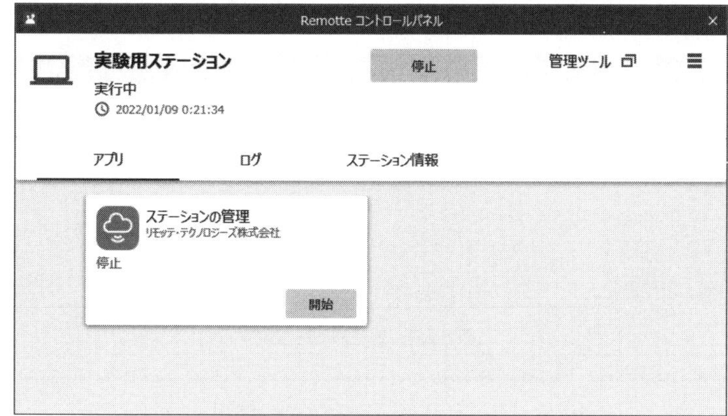

図2-22　Remotteコントロールパネルにも追加される

コラム 認証手続きを省略する

本文中で示しているように、ブラウザで管理ツールを開くときは、いつでも、「メールアドレスの入力」と「届いた認証コードの入力」が求められます。

これが煩雑であれば、次の手順で、認証手続きを省略できます。

手　順　認証手続きを省略する

[1] [ステーション]メニューを開く

左上のメニューから、[ステーション]をクリックします(図2-23)。

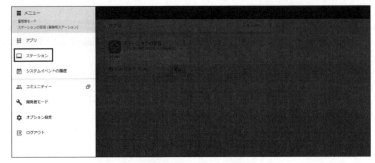

図2-23　ステーションを開く

[2] 認証方法を設定する

[設定]タブの[認証方法]を[**認証不要**]に設定します(図2-24)。

これで、その都度、メールアドレスの入力をしなくても、管理ツールが開けるようになります。

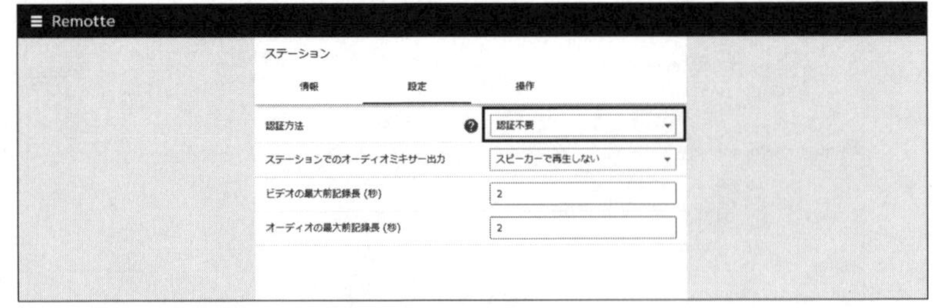

図2-24　認証方法を設定する

2-5 アプリ利用の基本

アプリは、「利用ページ」を提供しており、利用者や管理者は、この利用ページから操作します。

■利用ページを開く

管理者は、次の操作をすることで、利用ページを開けます。

手 順 利用ページを開く

[1] アプリの管理画面を開く

（「Remotte コントロールパネル」ではなく）ブラウザで開いた管理アプリのアプリ一覧画面（図 2-21）で、利用ページを開きたいアプリ（今回の場合は「ステーションの管理」）をクリックします。

[2] 利用ページを開く

図 2-25 のように、アプリの管理画面が表示されます。

図では［全般］タブが表示されていますが、前回の状態で表示されるため、［全般］タブ以外が表示されていることもあります。

この画面で、［利用ページ］タブをクリックします。

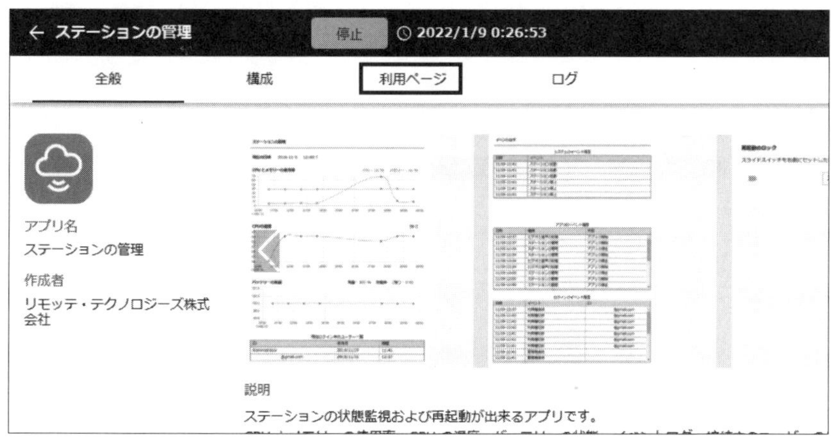

図 2-25　［利用ページ］タブを開く

[3] 利用ページを確認する

いくつの利用ページを提供するのかは、アプリによって異なります。

「ステーションの管理」アプリの場合、**図2-26**に示すように、「現在の状態」「ログ」「制御」の3つのページがあり、クリックすると切り替えられます。

[利用ページ]タブのなかの[レイアウト]タブが、利用ページの画面です。クリックして確認してみましょう。たとえば、「現在の状態」という利用ページには、「CPUとメモリーの使用率」や「CPUの温度」などが表示されています。

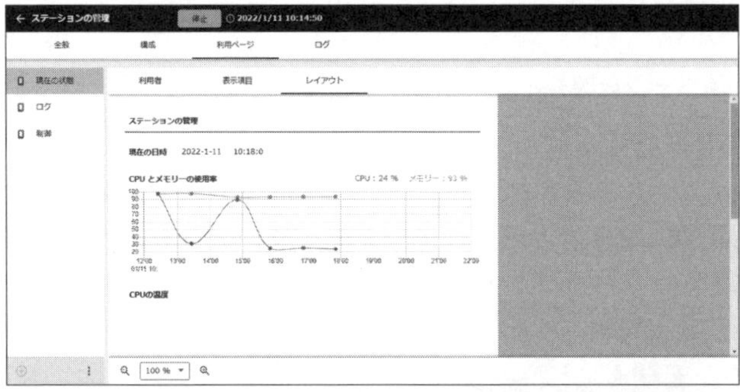

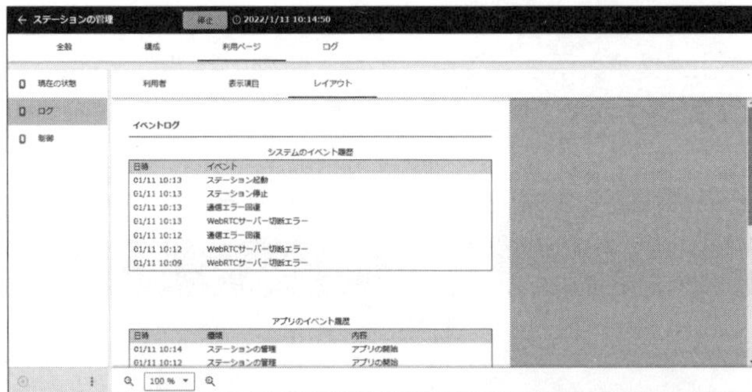

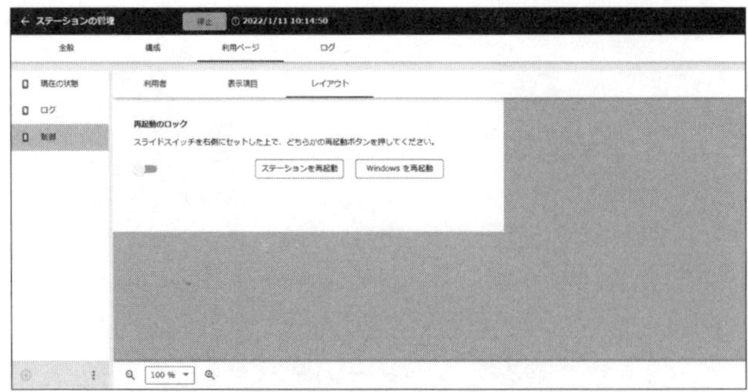

図2-26 管理ページの確認

[メモ]

「CPUの温度」は、機種によっては取得できないため、空欄のこともありますが正常です。

■利用者を登録する

今、示した手順のように、アプリが提供する画面を見るまでの流れが複雑なのは、「管理者」で操作しているからです。

利用者として登録してログインすれば、すぐに、このアプリ画面が見られます。

試してみましょう。

※すぐあとに説明しますが、Remotteでは、「SNSログイン」を使います。本書の執筆時点では、「Google」「Facebook」「Twitter」「LINE」「Microsoft」の5つに対応しています。

利用者は、「利用ページ」ごとに設定できます。

「ステーションの管理」アプリにある、「現在の状態」「ログ」「制御」の3つのページのうち、「現在の状態」だけ、あるいは「現在の状態」と「ログ」だけを見せるといったように、利用者ごとに変えられます。

まずは「現在の状態」の利用者を登録してみましょう。

手　順　利用者を登録する

[1]アプリを停止する

アプリの起動中は、利用者を登録できません。

画面上の[停止]ボタンをクリックして、アプリを停止します(図2-27)。

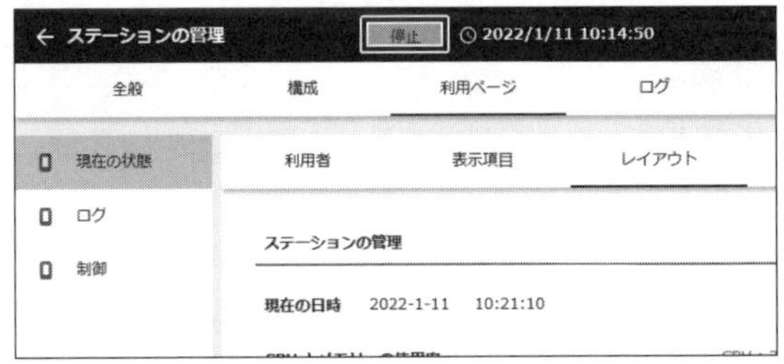

図2-27　[停止]ボタンをクリックしてアプリを停止する

[メモ]

[停止]ボタンをクリックすると、[レイアウト]タブ上で表示されている「ラベル」「グラフ」などを編集できるようになります。

その詳細は、「3-4　レイアウトや表示部品の種類を変更する」で説明します。

[2]利用者を追加する

左側から[現在の状態]をクリックして、[現在の状態]の利用ページの設定に切り替えます。

そして[利用者]タブをクリックし、[利用者の追加]ボタンをクリックします(図2-28)。

図2-28　利用者を追加する

[メモ]

登録できる最大利用者数は、ライセンスによって異なります。無料版の場合は、1つのステーションに対して、管理者も含めて、**「最大3ユーザー」**までです。

[3] メールアドレスを入力する

メールアドレスの入力欄が表示されるので、利用者として使いたいメールアドレスを入力します(図2-29)。

メールアドレスは、「Googleアカウント」「Facebookアカウント」「Twitterアカウント」「LINEアカウント」「Microsoftアカウント」のいずれかに紐付いたメールアドレスでなければなりません。

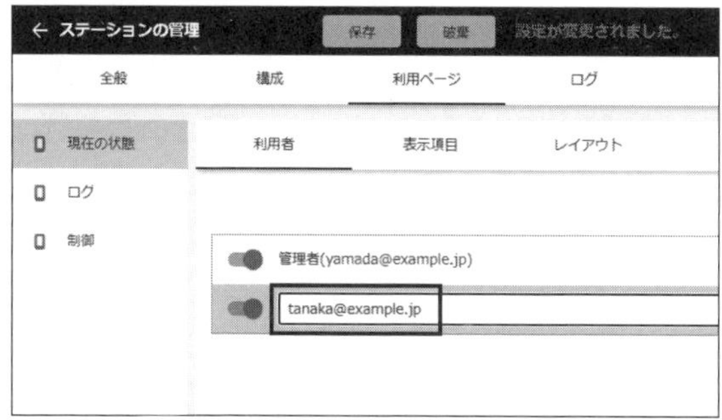

図2-29　利用者のメールアドレスを入力する

[4] 保存する

画面上の[保存]ボタンをクリックして保存します(図2-30)。

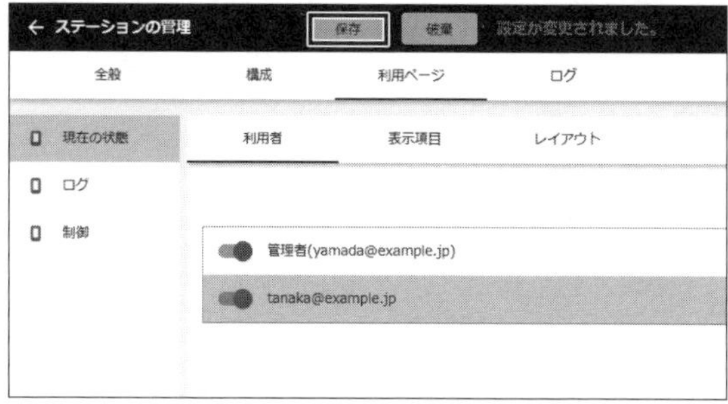

図2-30　保存する

[メモ]

メールアドレスの「左」にあるトグルスイッチは、そのアカウントの「有効/無効」を切り替えるものです。

右側にあるとき(図2-30の状態)が「有効」です。

もし、左側にある場合は「オフ」となっており、そのユーザーは無効なので注意してください。

[5] アプリを再開する

設定が終わったら、[開始] ボタンをクリックして、アプリを再開します (図2-31)。

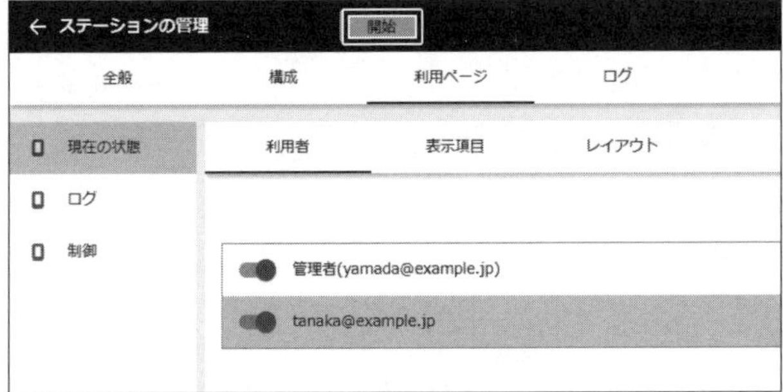

図2-31　アプリを再開する

■利用者でログインする

では、いま登録した「利用者」でログインしてみましょう。

今は管理者として操作しているので、別ウィンドウまたは別タブを開き、利用者でログインして、確認します。

[メモ]

> 同時アクセス可能な利用者数は、ライセンスによって異なります。
> 無料版の場合、最大２人までです。

手　順　「利用者」でログインする

[1] 新しいタブまたは新しいウィンドウを開く

ブラウザで「新しいウィンドウ」または「新しいタブ」を開きます(図2-32)。

図2-32「新しいウィンドウ」または「新しいタブ」を開く

[2] Remotteのログインページからログインする

Remotteのログインページにアクセスします。

図2-33にあるように、「Googleアカウント」「Facebookアカウント」「Twitterアカウント」「LINEアカウント」「Microsoftアカウント」のいずれかの方法でログインします。

もちろん、これらのメールアドレスは、先ほど管理者が利用者として登録したものでなければなりません。

【Remotteログインページ】

https://login.remotte.jp/

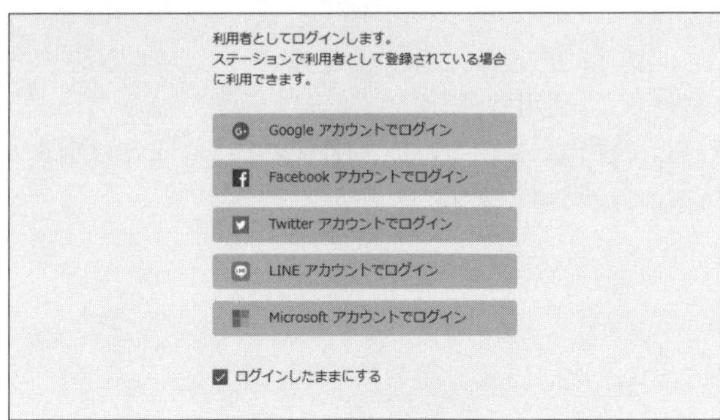

図2-33　Remotteログインページ

[3] 使用許諾契約に同意する

はじめて使うときは、**図2-34**のように使用許諾契約が表示されます。
[上記の契約書に同意します]にチェックを付け、[OK]ボタンをクリックします。

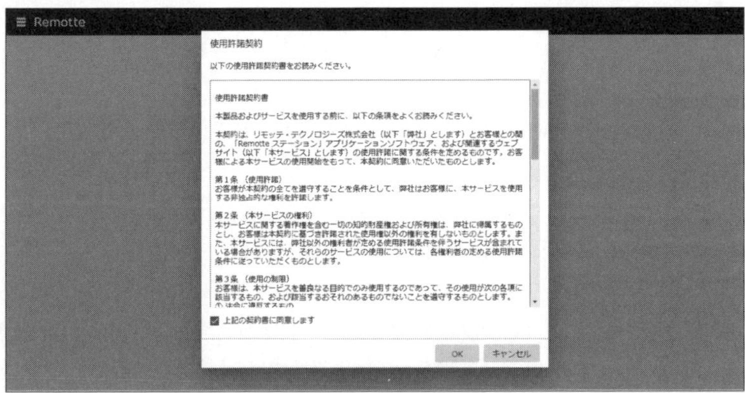

図2-34　使用許諾契約に同意する

[4] 未承認のステーションを開く

はじめて利用するときは、「承認されていないステーションがあります」と表示されます。

画面左上のメニューから、「未承認のステーション」をクリックします（図2-35）。

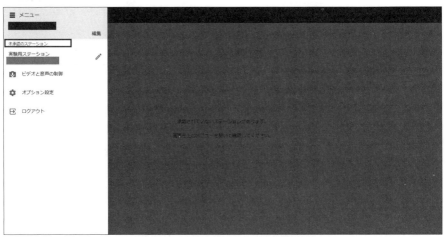

図2-35　未承認のステーションを開く

コラム 利用可能なステーションが見つからないときは

「利用可能なステーションが見つかりませんでした」と表示されたときは、次の点を確認してください。

・管理者として登録したメールアドレスと結び付けられたアカウントでログインしているか
・管理アプリで、そのユーザーが無効になっていないか（前掲の図2-30の画面において、トグルスイッチが右側にあるか）

[5]ステーションを信頼して表示する

［信頼して接続し、ページを表示する］を選択し、［OK］ボタンをクリックします（**図2-36**）。

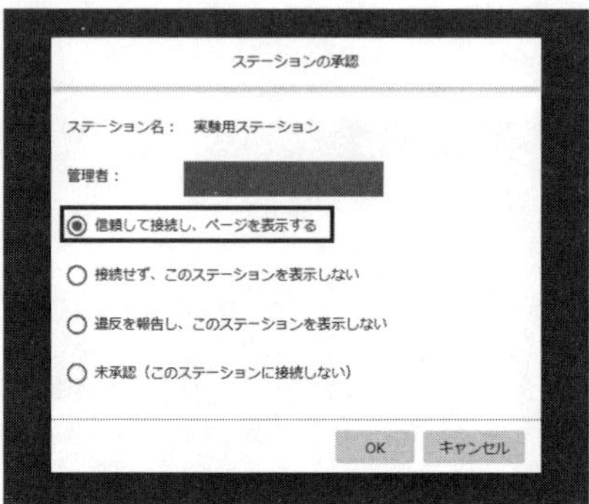

図2-36 ［信頼して接続し、ページを表示する］を選択する

[6]利用ページの表示

利用ページが表示されました（**図2-37**）。

これで初期設定が済んだので、以降は、ログインページ（https://login.remotte.jp/）からログインするだけで、すぐにこの画面が表示されるようになります。

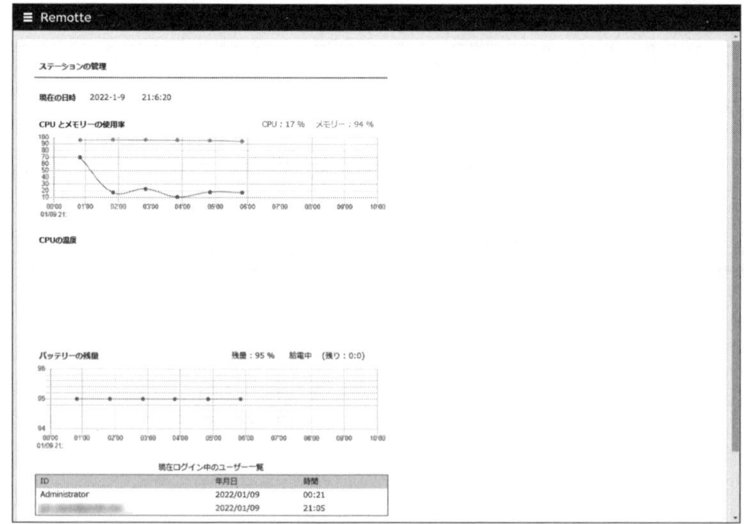

図2-37 利用ページの表示

[7] グラフの詳細を表示する

グラフをダブルクリックすると、詳細ページを開けます。

詳細ページでは、具体的な数値を表示するほか、右下の[保存]ボタン(フロッピーディスクのアイコンのボタン)をクリックすることで、CSV形式でダウンロードすることもできます(図2-38)。

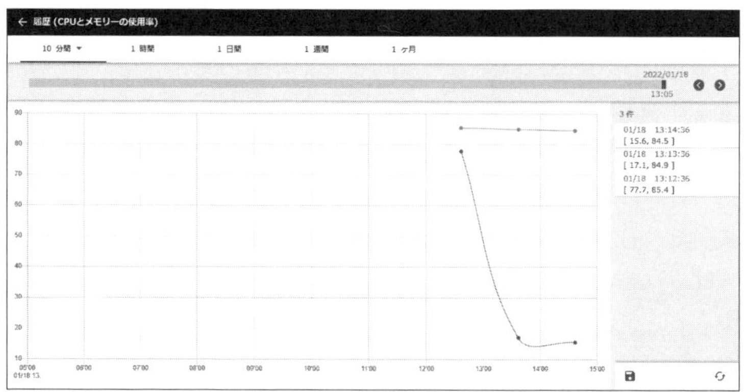

図2-38　グラフの詳細

コラム　利用ページを切り替える

本文では「現在の状態」利用ページだけの利用者を追加しましたが、ほかにも「ログ」や「制御」の利用ページにも、利用者を追加できます。

ひとりの利用者に対して、複数の利用ページを使えるように設定した場合は、ログイン後、左メニューから、ページを切り替えて利用できます(図2-39)。

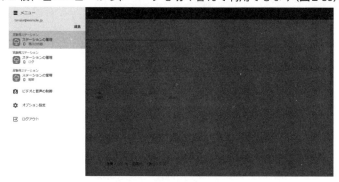

図2-39　利用ページを切り替える

■別のコンピュータからログインする

今は「自分のPC」から試しているので、あまり意識していないかも知れませんが、この状態で、インターネットからも利用できます。

つまり、インターネットのどこからでも、「https://login.remotte.jp/」でログインすれば、この「ステーションの管理」アプリが使える状態になっています。

このとき、ログイン認証にはRemotteのサーバが使われますが、データ通信は、WebRTCを使って直接行なわれています。

この通信は、DTLSならびにSRTPで暗号化されており、リモッテ・テクノロジーズ社も含め、第三者が見ることはありません。そのため安全に使えます(図2-40)。

[メモ]

もしこの状態が危険だと考えるのなら、こまめに、「Remotteアプリ」もしくは「Remotteステーション」自体を停止しておくとよいでしょう。

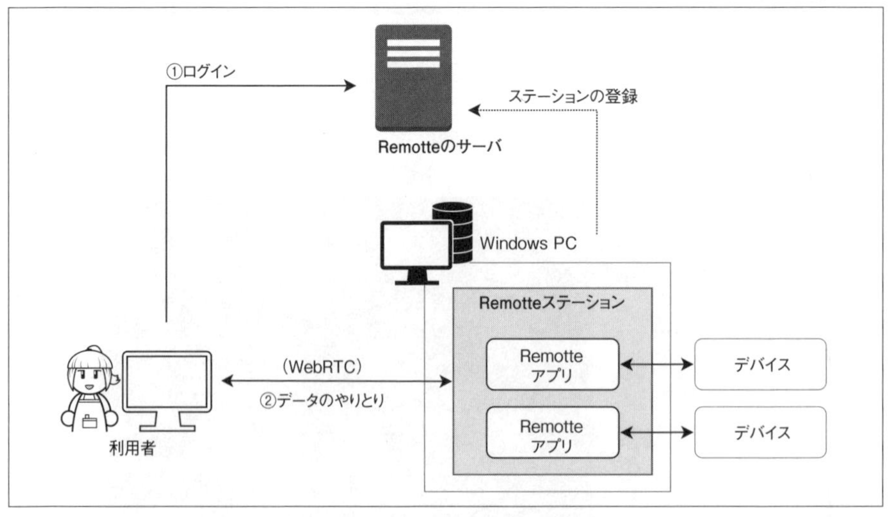

図2-40 インターネットからも利用できる状態になっている

コラム 全画面表示に切り替えたり複数の利用ページを表示したりするには

利用者画面において、上部の「黒色のタイトルバー」をダブルクリックすると、全画面表示に切り替えられます。
また、「黒色のタイトルバー」の代わりに利用ページ内の余白部分をダブルクリックすると、タイトルなしで利用者画面だけを全画面表示にもできます。

ほかにも、左上のメニューから[オプション設定]を開き、表示モードを変更することで、複数の利用ページを表示するようにもできます。

「監視画面を提供するアプリ」など、状態をずっと見せっぱなしにしたいアプリでは、全画面表示にしたり表示モードを切り替えたりすると、使いやすくなるでしょう。

2-6 まとめ

この章では、Remotteのインストールと管理者での操作、アプリの追加、そして、利用者の登録までを説明しました。

Remotteは、インストールまではパソコンで作業しますが、「Remotteステーション」の登録以降は、ブラウザから操作します。
利用者を登録することで、「利用ページを見て操作するだけのユーザー」を作れます。
「Remotteステーション」と「ブラウザ」とは、「WebRTC」で通信しており、インターネット越しでも操作できます。

次章では、Remotteアプリの構成を説明しつつ、開発者として操作して、アプリの見栄えやレイアウトを変更する方法を説明します。

コラム 「Remotteステーション」を完全に削除するには

一度、Remotteステーションをインストールすると、アンインストールしても、設定情報(管理者の情報など)は、そのまま残ります。

もし、完全に削除したいのであれば、「C:¥ProgramData¥Remotte」フォルダの内容を削除してください。

第3章

開発者として操作する

前章では、管理者として操作して、既存のアプリを追加して使ってみるところまでを試しました。

この章では、開発者として操作して、アプリをカスタマイズしてみましょう。

3-1 開発者に切り替える

アプリの開発をするのは、「管理者」とは別の「**開発者**」というユーザーです。

管理者から開発者にモードを切り替えることで、アプリの新規開発や既存アプリの編集などの操作ができるようになります。

開発者に切り替えるには、管理者で、次の操作をします。

[メモ]

「開発者」というユーザーでログインするわけではありません。
開発者で操作するには、あくまでも「管理者でログイン」して、そのあと、開発者に切り替えます。

手 順　開発者に切り替える

[1]開発者に切り替える

管理者として管理ツールにログインしておき、メニューから[開発者モード]を選択します(図3-1)。

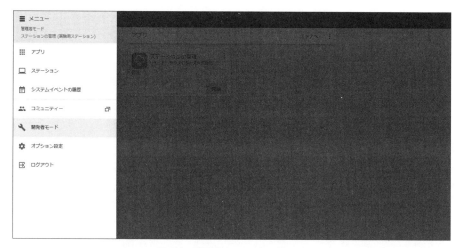

図3-1　開発者モードに切り替える

[2]使用許諾契約に同意する

初回に限り、使用許諾契約書が表示されます。

[上記の開発者使用許諾契約書に同意します]にチェックを付け、[次へ]をクリックします(図3-2)。

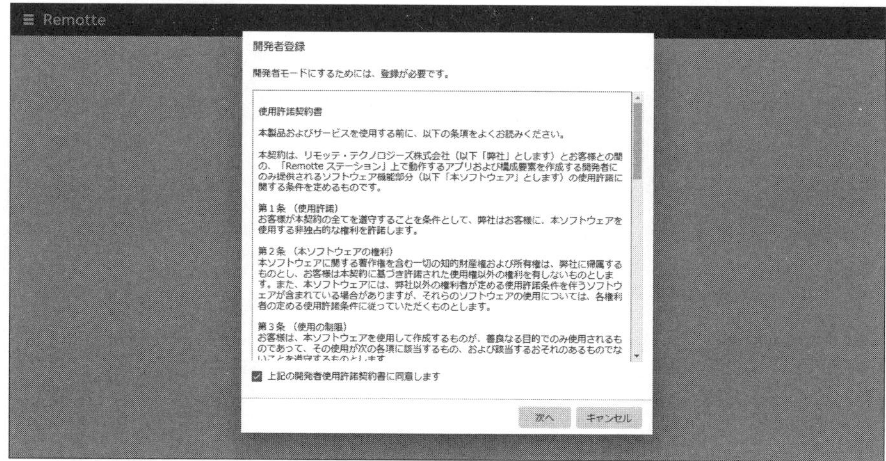

図3-2　開発者使用許諾契約に同意する

[3] 開発者情報を入力する

「姓」「名」「勤務先名」「メールアドレス」「電話番号」「住所」などの開発者情報を入力します(図3-3)。

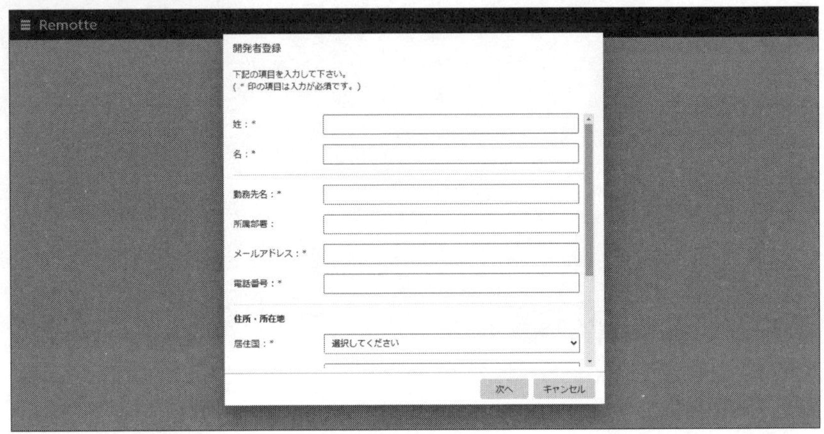

図3-3 開発者情報を入力する

[4] 登録内容を確認する

登録内容が表示されます。[登録]をクリックします(図3-4)。

これで「開発者」になりました。

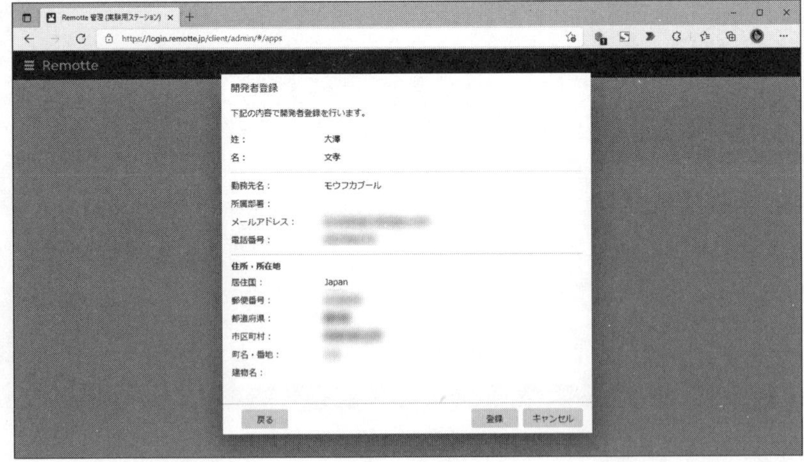

図3-4 登録する

コラム 管理者に戻るには

開発者に切り替えたあと、管理者に戻るには、メニューから［管理者モード］を選択します。

そして管理者から開発者に再び切り替えるには、［開発者モード］をクリックします。

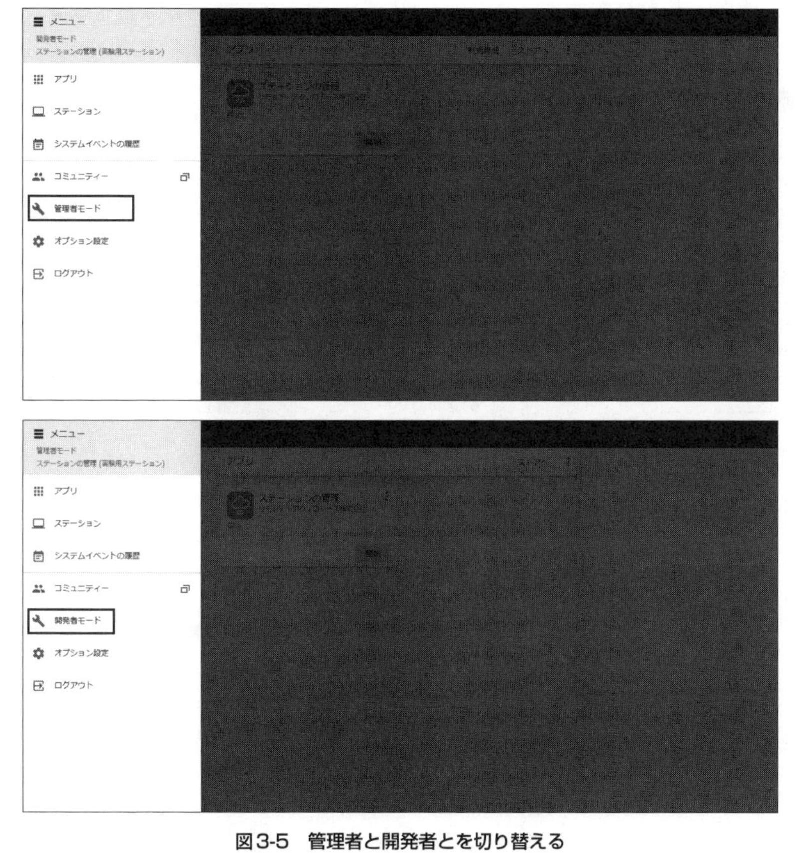

図3-5　管理者と開発者とを切り替える

コラム スパナマークが付いたメニュー

開発者になると、いくつかのメニューの頭に「スパナマーク」が付いていることに気づくと思います。

これは「開発者のみが選択できるメニュー」という意味です。

3-2 Remotteアプリの構造

開発者に切り替えれば、アプリを作ったり、編集したりできます。

この章では以降、前章で追加した「ステーションの管理」アプリを修正していきますが、それに先立ち、Remotteアプリの構造を説明しておきます。

■「表示部品」と「構成要素」の関係

Remotteアプリは、大きく、「表示部品」と「構成要素」で構成されます(図3-6)。

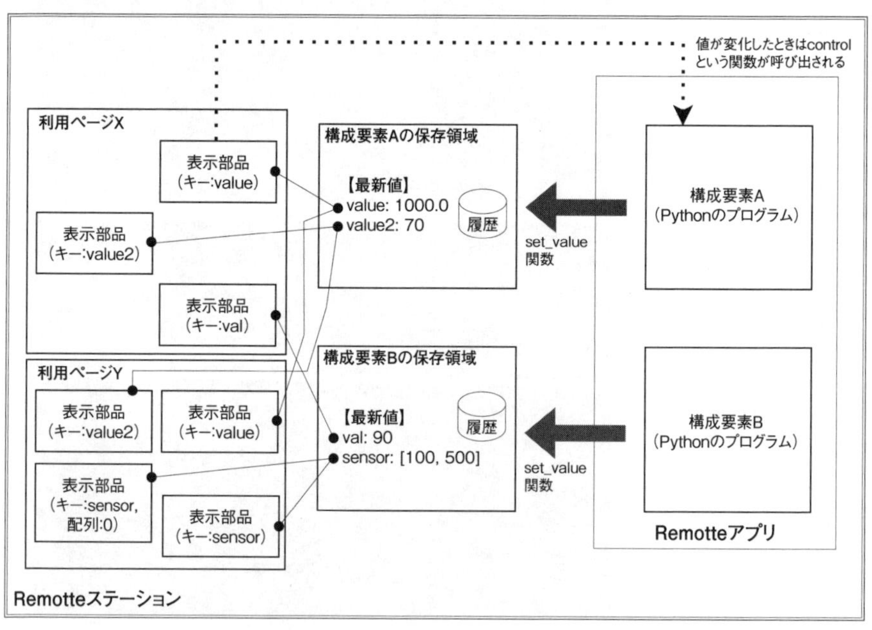

図3-6 Remotteアプリの構造

①表示部品(HMI : Human Machine Interface)

ユーザーが見たり操作したりするUI部品です。

「ラベル」や「テキスト表示」「数値表示」「グラフ表示」「ボタン」「ボリューム」など、さまざまな表示部品があります。

表示部品は、いずれかの「利用ページ」に配置されます。

②構成要素(IOC：Input Output Component)

扱う値をコントロールするプログラムです。

(1)保存領域

「保存領域」は、状態を保持する、一種の変数を提供する場所です。表示部品と「キー名」で結び付けられ、連動します。

たとえば、値の大小に応じて針を表示する「針式メーター」という表示部品に、「value」というキー名を設定したとします。この場合、構成要素のプログラムで「value」というキーに設定した値に基づいて針が動きます。

保存領域には、「最新値」と「履歴」の2つが含まれます。

グラフなどの連続した値を表示する表示部品は「履歴」と結び付けます。

また、グラフによっては「X」「Y」、「X」「Y」「Z」のように複数の値を扱うものもあります。

こうした表示部品は、値を配列として扱います。

(2)プログラム

プログラムは、Pythonで書かれた小さなコードです。

このコードの目的は、表示部品を利用者が操作することで値が変化したことを知ったり、新しい値を保存領域に設定したりして、表示を更新したりすることです。

すぐ後に説明しますが、保存領域の値を設定するには、「set_value関数」を使います。

利用者の操作によって、値が変わったときには、「control関数」が呼び出されます。

図から分かるように、表示部品と保存領域との連動は片方向です。

たとえば、ボリュームを上下するような表示部品があるとき、利用者が操作をして値が変わっても、「保存領域の値」は変化しません。

このとき、構成要素のプログラムの「control関数」が呼び出されるので、そこで新しく設定された値をプログラムが拾って、「set_value関数」を呼び出して保存領域へと書き出す必要があります。

＊

少し分かりにくいので、具体例を挙げます。

たとえば、「明るさを変えられるLEDデバイス」があり、それをRemotteアプリの「ボリューム」で調整できるようなUIを作りたいとします。

このようなアプリを作るには、まず、画面にボリュームの表示部品を貼り付け、適当なキー名、たとえば、「value」を設定します。

利用者がボリュームを上下させると、構成要素のプログラムの「control関数」が呼び出されます。
このとき、割り当てた「value」というキーに対して、設定しようとしている値が、引数として渡されます。

プログラムでは、この値を参照して、LEDの明るさを変えます。
それに合わせて、「set_value関数」を呼び出して、保存領域の値を新しいものに設定し直します(図3-7)。

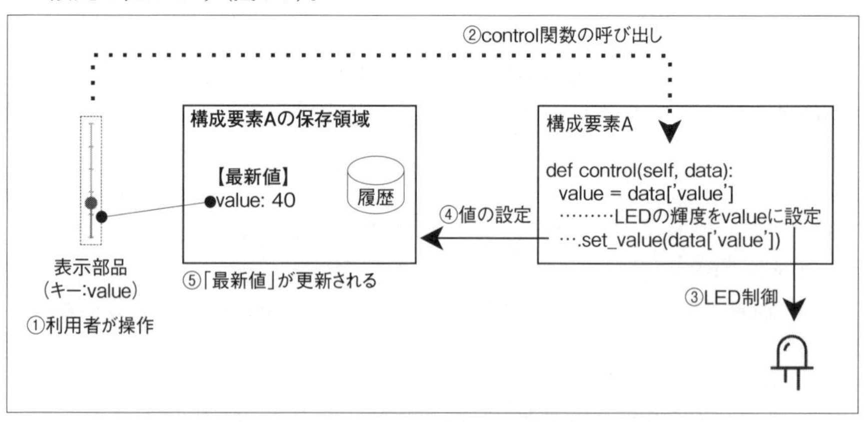

図3-7　ボリュームでLEDの明るさを設定するアプリの例

■レイアウトの変更や表示部品の変更が容易

図3-7の構造から分かるように、表示部品とプログラムとは直結しているわけではなく保存領域や関数の呼び出しというクッションで間接的に接続されています。

そのため、プログラムを変更しなくても、「レイアウト」や「表示部品」の変更ができます。

●レイアウトの変更

すぐあとに説明しますが、開発者モードで[レイアウト]タブを開くと、設定されている表示部品の位置やサイズをマウスのドラッグ操作で変更できます。

●表示部品の変更

たとえば、「Remotte」には、値を表示するため表示部品として「1つの数値の表示」があり、これを選択すると、数値がテキストで表示されます。

しかし数値を表示する表示部品としては、「段階メーター」や「針式メーター」などがあり、これらに変更すれば、見た目を変えられます(**図3-8**)。

1つの値に対して、複数の表示部品を割り当てることもできます。

そのため、「数値表示」と「針式メーター」の両方を同時に表示することもできます。

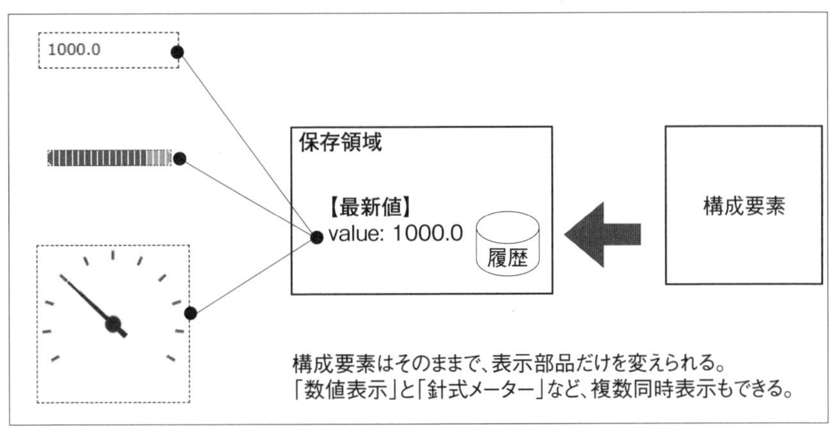

図3-8　表示部品の種類を変えて、見栄えを変更する

3-3 アプリの構造を確認する

具体的に、どのような構造になっているのでしょうか？

第2章で追加した「ステーションの管理」アプリを開発者モードで開いて、その構造を確認してみましょう。

■アプリを複製する

以降の操作では、「ステーションの管理」アプリに手を加えていきます。

そこでオリジナルの「ステーションの管理」アプリを壊さないよう、これを複製して、その複製に対して操作していくことにしましょう。

[メモ]

もし複製せずに操作して、オリジナルのものに戻したい場合は、一度、アプリを削除して、**第2章**の手順でもう一度、アプリを追加すれば、元に戻ります。

手 順 「ステーションの管理」アプリの構造を確認する

[1]開発者モードに切り替える

もしまだ、開発者モードに切り替えていないのであれば、メニューから[開発者モード]を選択して、開発者モードに切り替えておいてください。

[2]アプリを停止する

アプリの構造を確認したり、修正したりするなど手を加えるには、アプリを停止しなければなりません。

「ステーションの管理」アプリの[停止]ボタンをクリックして、アプリを停止します(**図3-9**)。

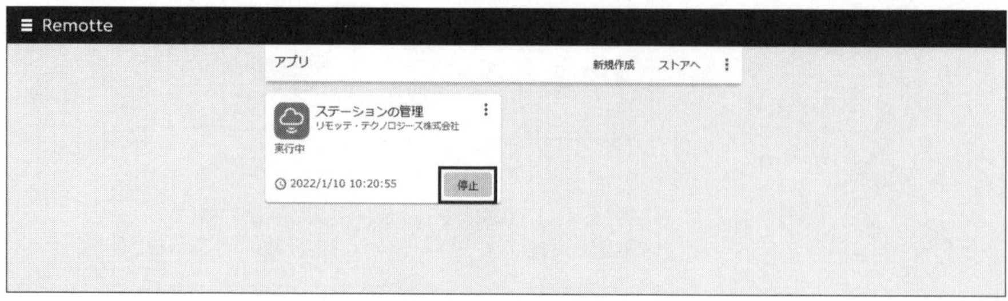

図3-9 アプリを停止する

[3]ステーションの管理」アプリを複製する

「ステーションの管理」アプリの右上をクリックしてメニューを表示し、[複製]をクリックします(**図3-10**)。

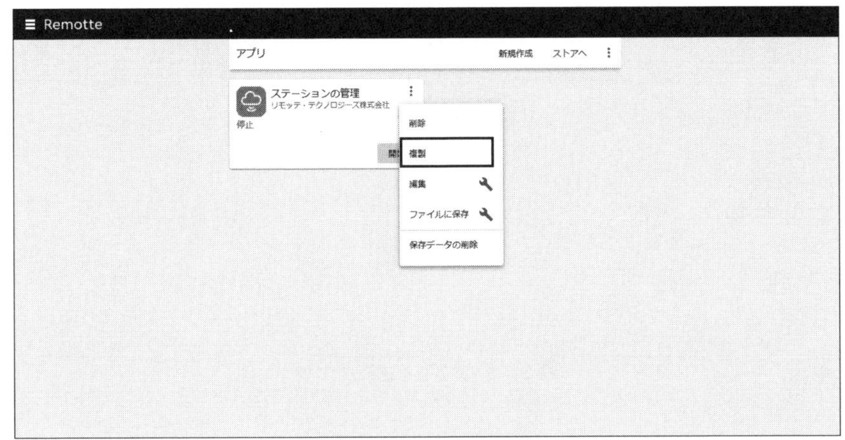

図3-10 アプリを複製する

[4]複製されたアプリ

これで、複製ができました(**図3-11**)。

複製後のアプリは、「ステーションの管理#1」というように、連番が付いた名前になるはずです。

また複製後は、アプリの状態が「停止」となっているはずですが、もし停止ではない場合は、[停止]ボタン(起動している場合は、**図3-11**で[開始]と書かれているボタンが[停止]ボタンになっているはずです)をクリックして、停止しておいてください。

[メモ]

複製後のアプリ名を変更したい場合は、「ステーションの管理#1」アプリの右上をクリックしてメニューを表示して[編集]をクリックします。

するとアプリ全体の設定画面が表示されるので、「アプリ名」を変更できます。

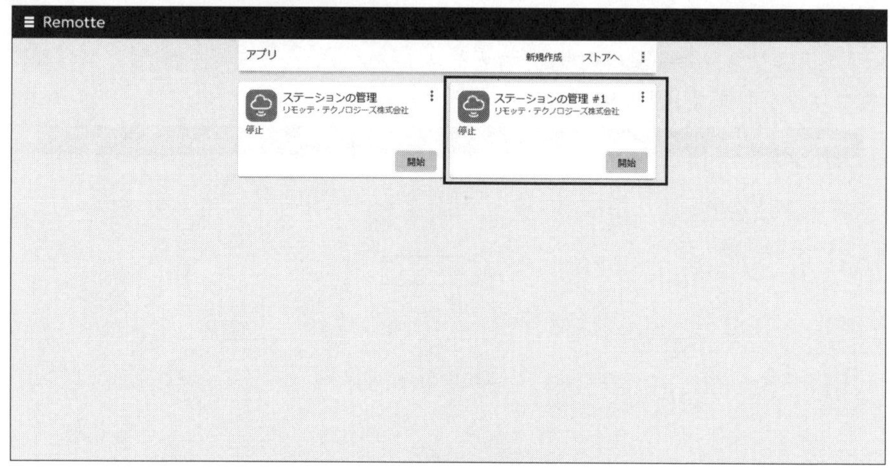

図3-11 アプリが複製された

■構成要素とレイアウトの確認

複製したアプリの構造を見ていきましょう。

前章では管理者としてアプリを確認しましたが、開発者モードで操作すると、管理者ではできない操作ができるようになります。

図3-11において、「ステーションの管理#1」をクリックして開いてください。

[メモ]

以降の操作において、選択できない項目があるときは、アプリが開始していないことを確認してください。

開始しているときは編集操作ができないからです。

もし開始しているときは、[停止]ボタンをクリックして、停止してから操作してください。

●構成要素を確認する

アプリの画面が開いたら、[構成]タブをクリックしてください。

すると、**図3-12**のように、「現在の日時」「CPUとメモリーの使用率」…などの、一覧とコードが表示されるはずです。これらひとつひとつが、これまで説明してきた「構成要素」です。

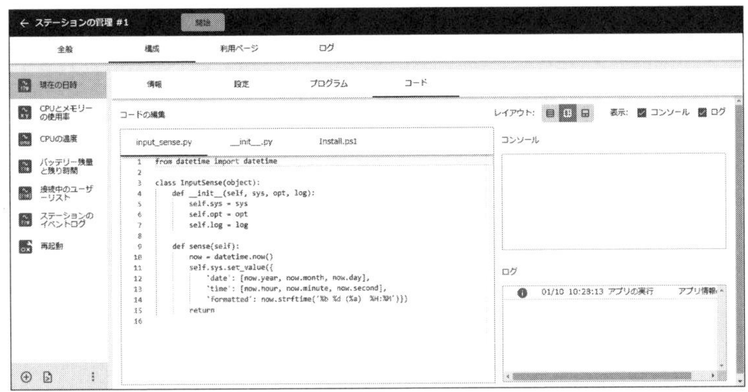

図3-12　[構成]タブをクリックして、構成要素を確認したところ

ここで1つ、「CPUとメモリーの使用率」の構成要素について、もう少し、詳しく確認しておきましょう。

左側の構成要素一覧から「CPUとメモリーの使用率」をクリックして、その[情報]タブをクリックしてみてください(**図3-13**)。

この構成要素は、「入出力タイプ」が「一般的な2値センス」です。

これは、「値を2つ保有する構成要素」という意味です。

詳しい解説は割愛しますが、**図3-13**の「説明」の部分にあるように、「value」というキーの配列の1つめに「CPU使用率」、2つめに「メモリー使用率」を格納するように実装されています。

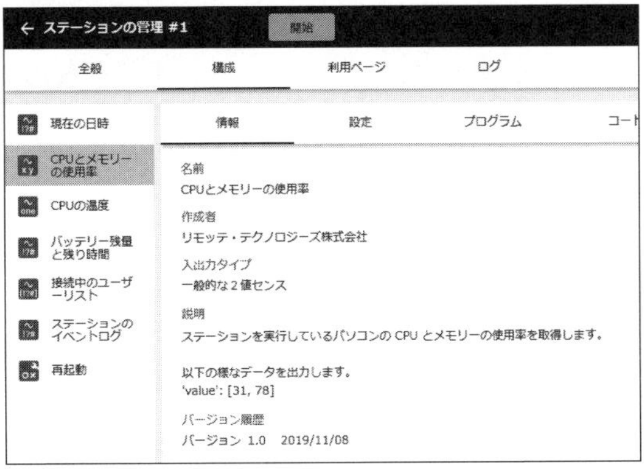

図3-13　「CPUとメモリーの使用率」の[情報]タブを開いたところ

●表示項目を確認する

先ほどの構成要素を踏まえて、レイアウトを確認していきます。

レイアウトは[利用ページ]タブにあるので、まずは[表示項目]の設定を確認します。

「ステーションの管理」アプリには、「現在の状態」「ログ」「制御」の3つの利用ページがあります。次のように開きましょう。

---

①[利用ページ]タブをクリック
②[現在の状態]をクリック
③[表示項目]タブをクリック

すると、**図3-14**のように、構成要素として定義されている項目すべてが一覧で表示されます。

このうち、この利用ページ(ここでは[現在の状態]ページのこと)で使う構成要素にチェックが付いています。

構成要素に対しては、「最新値」「履歴」がある点に注目してください。

たとえば、先ほど確認した「CPUとメモリーの使用率」は、「最新値」と「履歴」にチェックが付いていて、かつ、「最新値」の「表示数」が「2」になっています。

この「2」と言うのは、利用ページに含める「表示部品の総数」です。

ここでは、1つは**「CPU使用率」**、もう1つは**「メモリー使用率」**を表示するのに使っています。

それとは別に「履歴」にもチェックを付けているため、利用ページには、合計「3つ」の表示部品が現れるという意味になります。

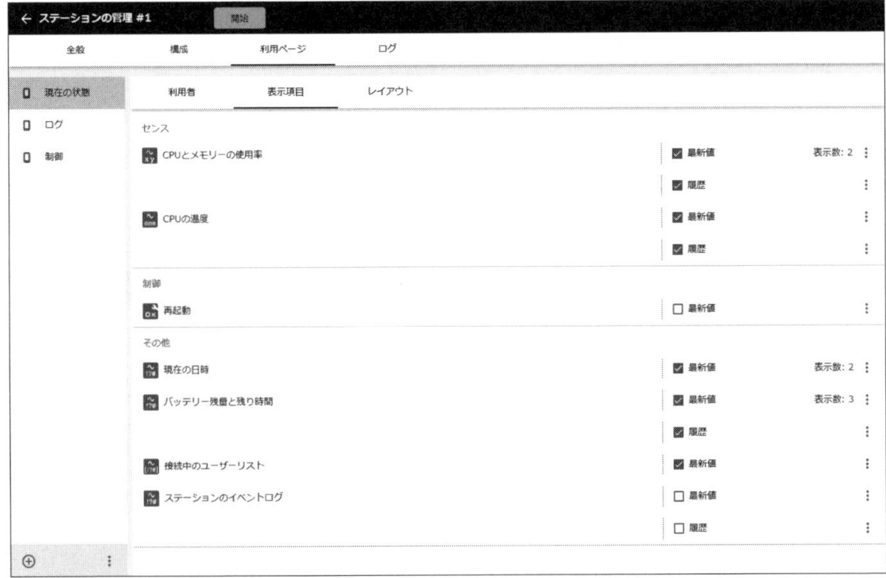

図3-14　表示項目を確認したところ

●レイアウトを確認する

続けて、[レイアウト]タブをクリックして、レイアウトを確認してみましょう。

[レイアウト]タブには、さまざまな表示部品が並んでいますが、開発者モードで開いているときは、これを編集できます(ただし、アプリが「停止中」である必要があります)。

レイアウト上の表示部品をクリックすると、画面右側に設定情報が表示されるので、いくつか確認していきましょう。

＊

ここでは「CPUとメモリーの使用率」に着目します。
まずは、グラフの部分からです。

「CPUとメモリーの使用率」が表示されているグラフの部分をクリックしてください。

すると、このグラフは、[CPUとメモリーの使用率]の[履歴]に結び付けられていることが分かります。

そのため、[CPUとメモリーの使用率]という値の履歴が、次々とグラフ化されています。

グラフの種類は、この画面で変更でき、色や文字ラベルなども変更できます(**図3-15**)。

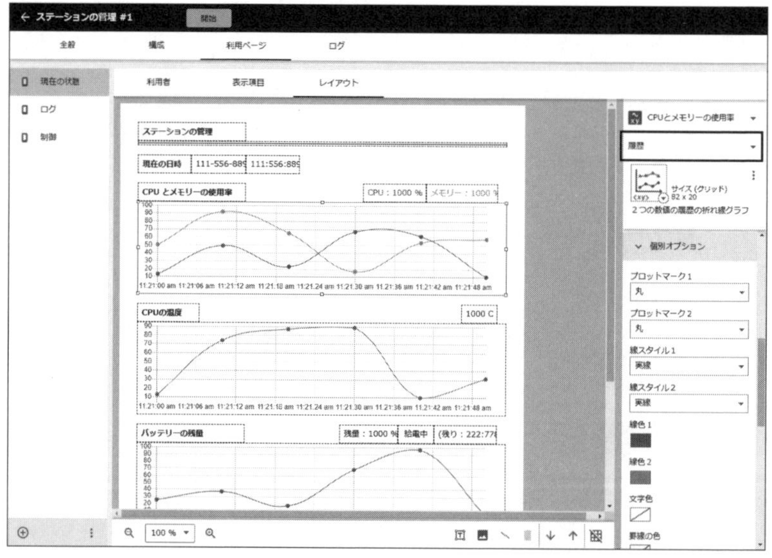

図3-15 CPUとメモリー使用率の「グラフ」をクリックして確認したところ

続いて「CPU:1000%」と表示されているラベルを確認しましょう。

クリックして確認すると「キー名」のところに「value」が、「配列からの取り出し」のところに「0」が設定されていることが分かります。

プログラムからは、「value[0]にCPUの使用率を格納している」ため、CPUの使用率が表示される、というわけです(**図3-16**)。

図3-16を見ると分かりますが、先頭に「CPU：」、末尾に「%」が付いているのは、「接頭辞」と「接尾辞」で設定されています。

「メモリー：1000%」のラベルも同様で「キー名」には「value」が、「配列からの取り出し」には「1」が設定されています(**図3-17**)。

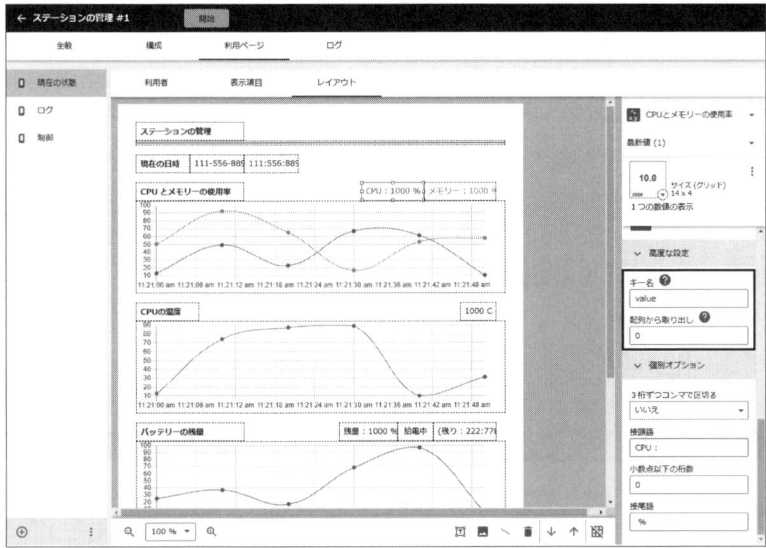

図3-16　「CPU：1000%」のラベルを確認したところ

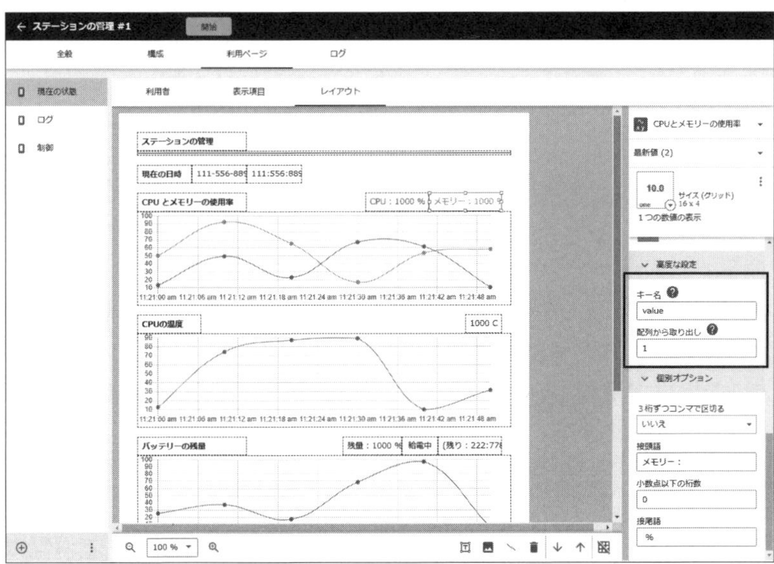

図3-17　「メモリー：1000%」のラベルを確認したところ

3-4 レイアウトや表示部品の種類を変更する

「開発者モード」であれば、レイアウトを変更したり、コントロールを別の種類に変えたりできます。

少し、試してみましょう。

ここでは、グラフの幅を少し縮めて、CPU利用率を数値ではなく、「針式メーター」で、示してみます。

手 順 レイアウトを変更する

[1] グラフの幅を小さくする

まずは、「CPUとメモリーの使用率」のグラフの右辺中央をドラッグして、幅を狭くしてみましょう(図3-18)。

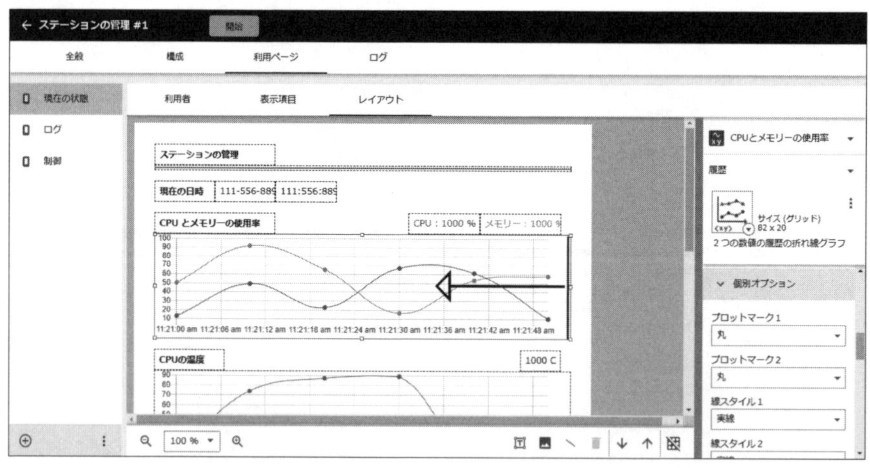

図3-18 グラフの幅を狭くする

[2] CPU使用率表示を針式グラフにする

「CPU使用率表示」のラベルをクリックし、「1つの数値を表示」の下向きの三角をクリックします。

すると、コントロールの一覧が表示されます。

デフォルトでは、互換性のある表示部品しか表示されないので、[互換性の無いHMIを表示]にチェックを付けます。すると、すべての表示部品が表示されます。

ここでは[針式メーター（回転式）]を選んでみましょう（図3-19）。

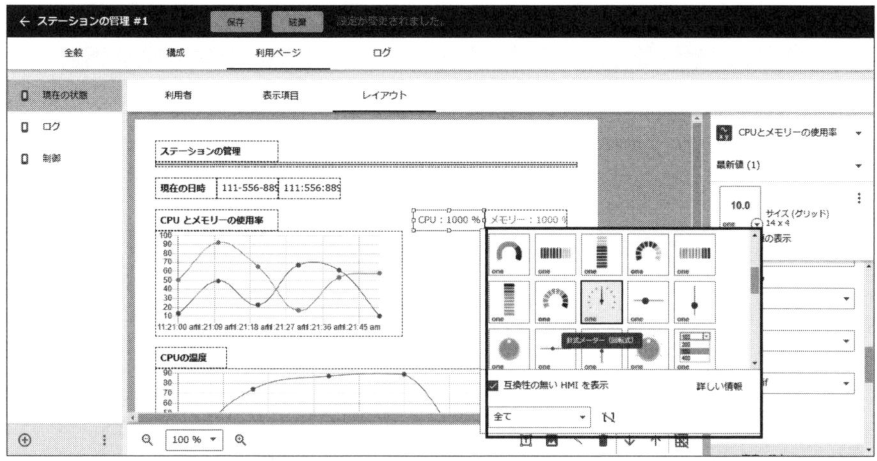

図3-19　針式メーター（回転式）に変更する

コラム　互換性とは

構成要素の作成者は、作る際に、[互換タイプ]を設定できます。

互換タイプには、[オン・オフセンス][一般的な1値センス][一般的な2値センス][一般的な3値センス][テキストセンス][一般画像センス]、もしくは[無し]があります。

[互換性の無いHMIを表示]にチェックを付けていないときは、同じ互換タイプが設定されているのものだけが表示されます。

[3] 位置・サイズを調整する

CPUの値が、針式メーターに変わりました。マウスでドラッグして、位置やサイズを調整しましょう(図3-20)。

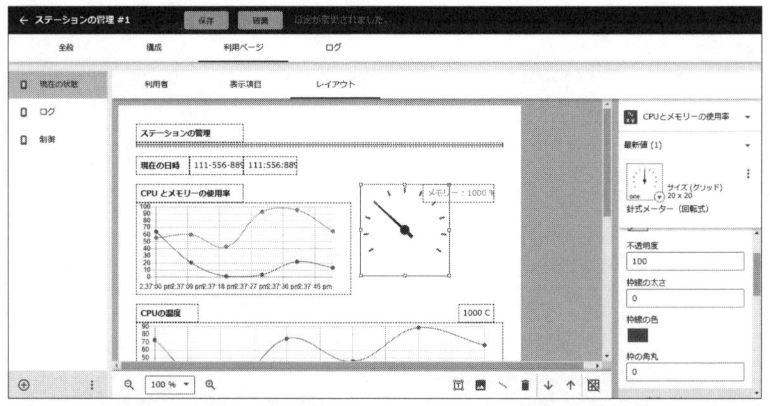

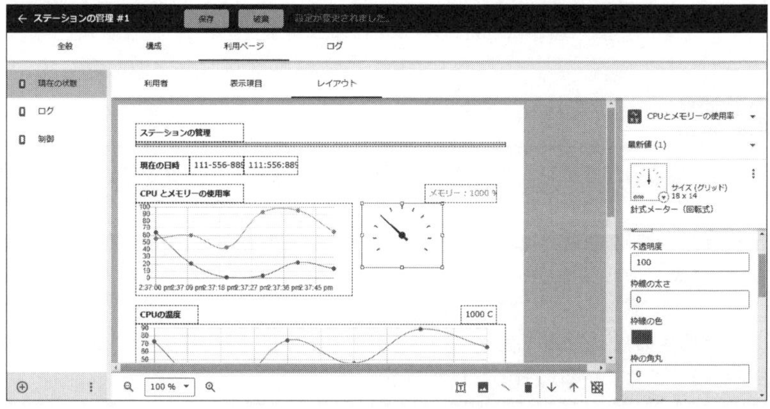

図3-20 位置・サイズを調整する

[4] テキストを追加する

これだけでは、「針式メーター」が何を示しているのか分かりにくいので、ラベルを追加しましょう。

画面下の[テキスト]のアイコンをクリックすると、テキストラベルを追加できます。

追加すると、画面上の適当な場所にテキストができるので、ダブルクリックして編集できるようにし、表示したいテキストを入力します。

ここでは「CPU」と入力しました。

そして最後に、マウスでドラッグして、位置・サイズを調整します(図3-21)。

> ※なお、ここでは説明しませんが、右側の設定の部分でフォントや色を変更することもできます。
> 　また同様の方法で「画像」や「線」も挿入できます。

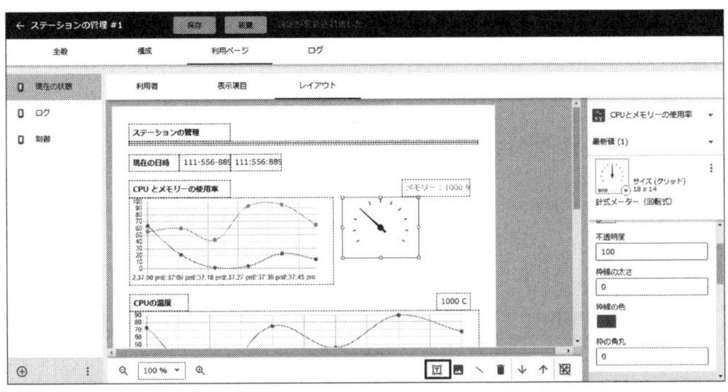

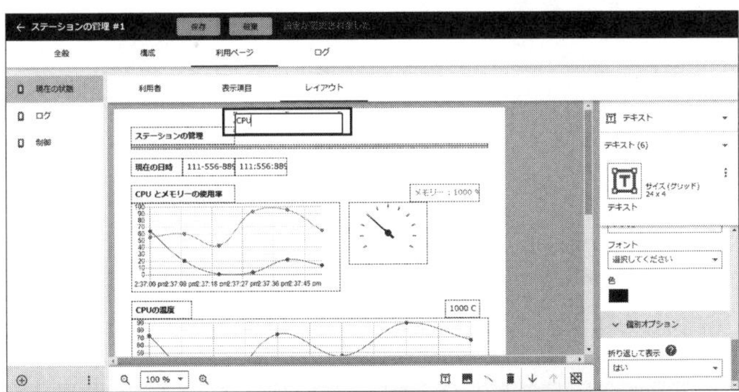

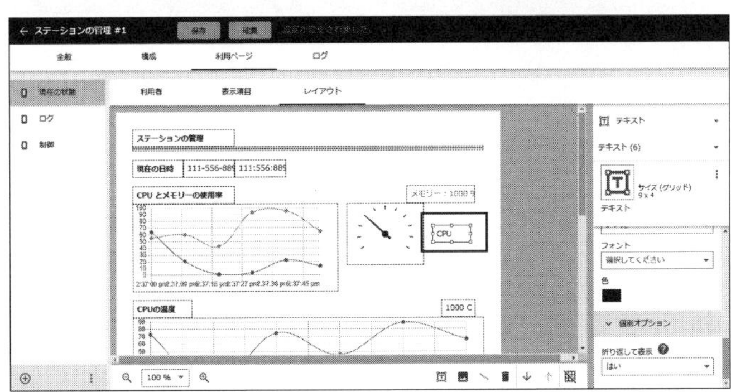

図3-21　テキストを追加する

[5]保存する

画面上の[保存]ボタンをクリックして保存します(図3-22)。

図3-22 保存する

[6]開始する

以上で、編集作業をやめて、このアプリを開始しましょう。

画面上の[開始]ボタンをクリックしてください(図3-23)。

利用者でログインして確認すれば、図3-24のように、「針式メーター」で結果が表示されることがわかります。

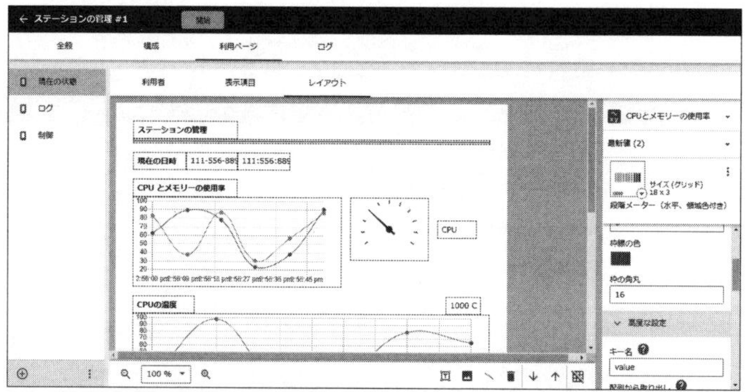

図3-23 開始する

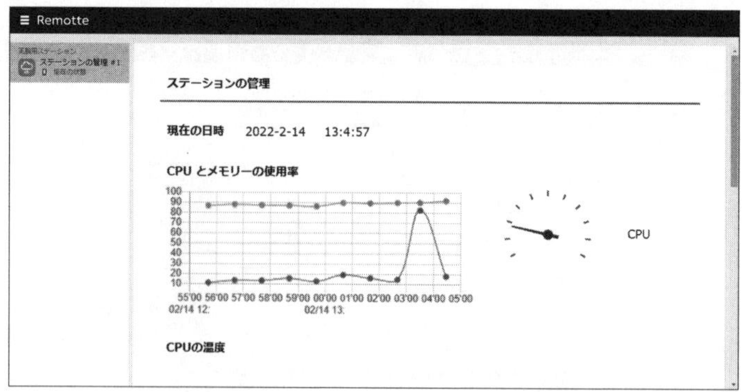

図3-24 利用者でログインして確認したところ。
CPUの使用率が、針式メーターで表示されるようになった。

コラム 表示部品を着せ替えする

多くの部品は、「画像ファイル」(JPEG、PNG、SVGなど)を設定することで「着せ替え」て、オリジナルの表示部品を作れます。

同じ「オン・オフ」を示す表示部品でも、画像を変えれば、見た目の印象が大きく変わります。

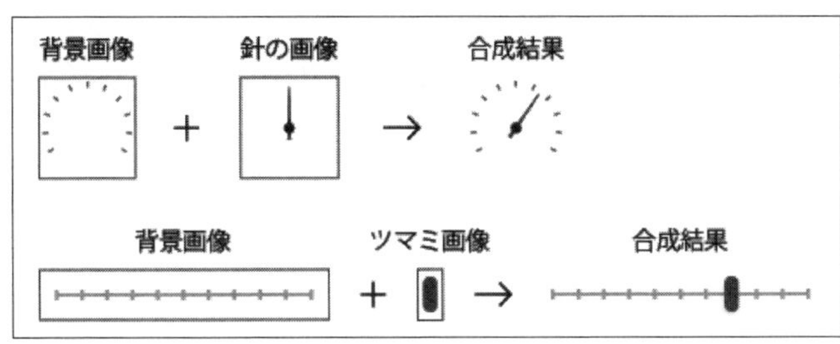

図3-25　オリジナルのメーターやボリュームを作る例

図3-26　同じ「オン・オフ」を示す表示部品でも、画像次第で見た目を変えられる

3-5 まとめ

この章で説明したように、開発者モードに切り替えれば、既存アプリのレイアウトや表示部品を変更することができます。

つまり、見やすく、使いやすいように改良できるということです。

次章では、この続きとして、新しいアプリを作るには、どうすればよいのかを説明します。

第4章

Remotteアプリ開発はじめの一歩

前章では、「リモッテ・テクノロジーズ社」が提供している「ステーションの管理」アプリを確認しながら、アプリの構造を見たり、修正したりする方法を説明しました。

この章では、プログラムも含めて、「Remotteアプリ開発」の方法を説明していきます。

4-1 この章で作るアプリの例

この章では、**図4-1**に示す、①～③の機能をもった簡単なアプリを作ります。

こうしたとても簡単な機能をもつアプリを作りながら、「Remotteアプリ」の構造と作り方の基本を説明していきます。

---

①PCのスピーカーのミュートを切り替えるトグルボタン

「オン・オフ」すると、PCのスピーカーが「ミュート」になったり、「解除」されたりするボタンです。

②適当な波形を描くグラフ

適当な波形を描くグラフ部分です。

③グラフの大きさを変えるボリューム

②の波の大きさを変えられるボリュームです。

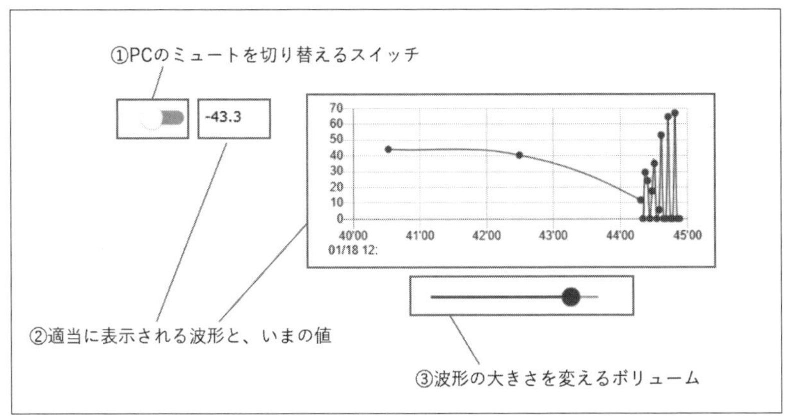

図4-1　この章で作るアプリ

[メモ]

③の機能は「波形」を作るだけです。

作り込めばPCのスピーカーから音として出るようにもなりますが、本書では、そこまで作り込みません。

4-2 アプリを作る流れ

アプリを作る流れは、公式のドキュメントによると、**図4-2**のように示されています。

この流れを意識して、少しずつ作っていきましょう。

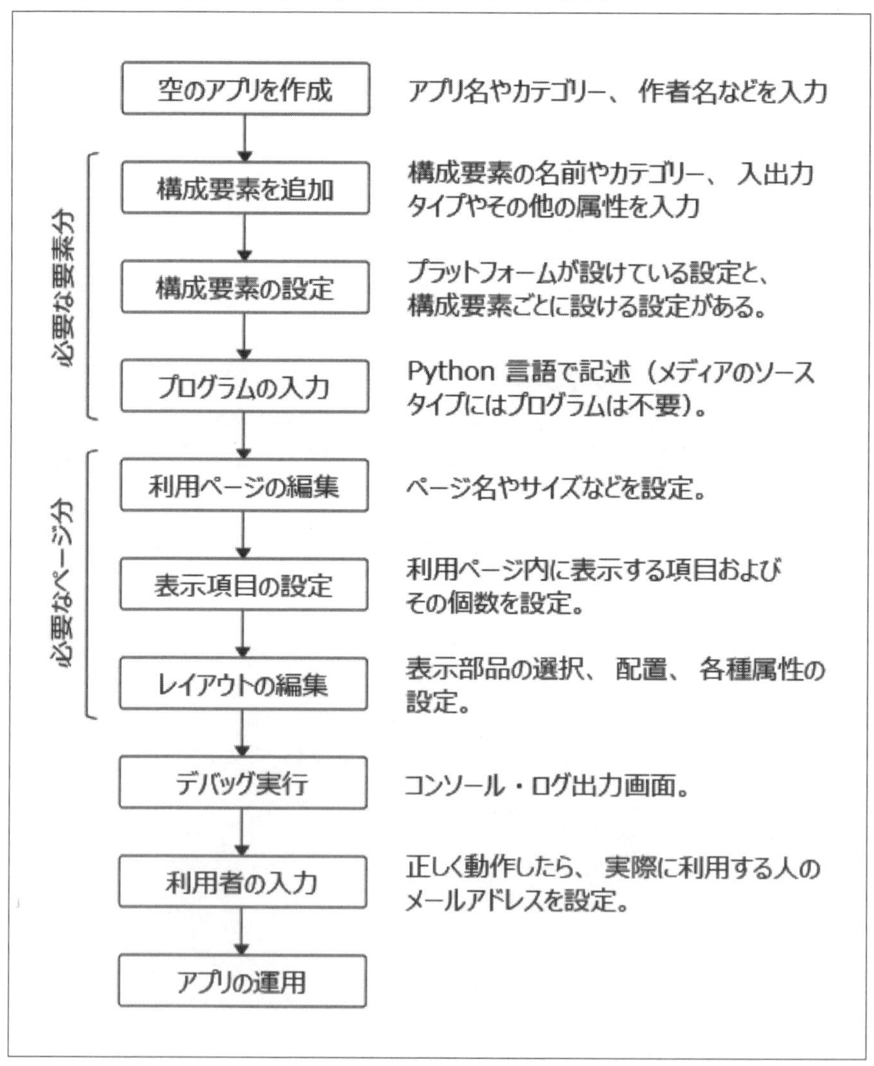

図4-2　アプリを作る流れ

4-3 空のアプリを作る

それではははじめていきましょう。
まずは、「**空のアプリ**」を作ります。

アプリの開発は、「開発者モード」で進めます。
メニューから開発者モードに切り替えてから、操作をはじめてください。

手順 空のアプリを作る

[1] アプリを新規作成する

アプリの[新規作成]ボタンをクリックします(**図4-3**)。

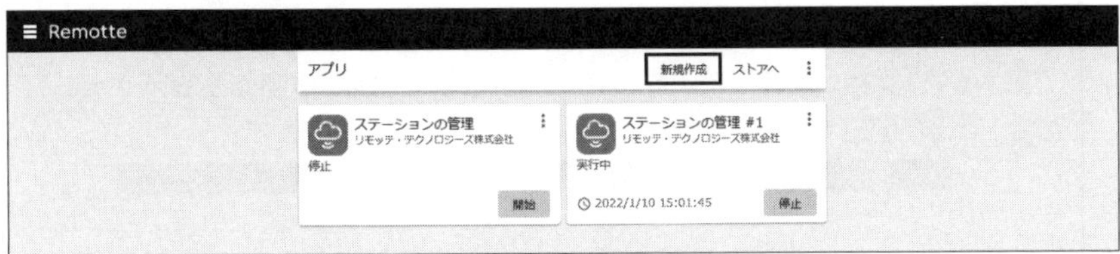

図4-3 [新規作成]ボタンをクリックする

[2] アプリ名とカテゴリー、アイコンを設定する

新規作成画面が表示されたら、「アプリ名」と「カテゴリー」、そして「アイコン」を設定します。

アプリ名は「はじめてのアプリ」とし、カテゴリーは「その他」としました。

[アイコン]の画像をクリックすると、アイコンを変更できますが、ここではデフォルトのままにしておきます。

[OK]ボタンをクリックすると、アプリが作られます(**図4-4**)。

※この設定はあとから変更することもできるので、仮でも問題ありません。

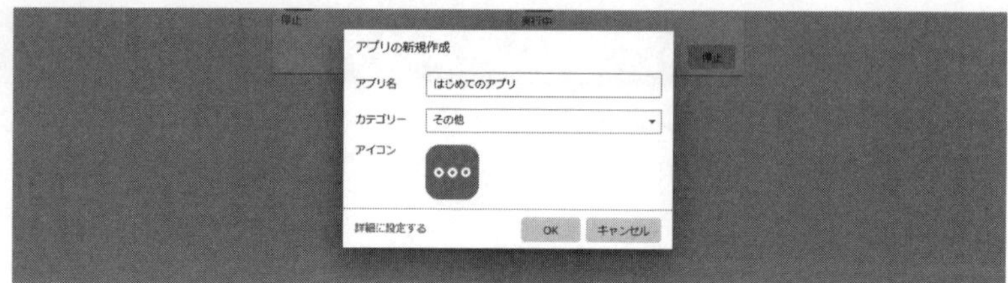

図4-4　アプリの新規作成

[メモ]

「アイコン」は、アプリ一覧に表示されるときのアイコンです。
また、「カテゴリー」は、「Remotteストア」に登録する際のカテゴリーのことです。

コラム　詳細に設定する

図4-4で[詳細に設定する]をクリックすると、図4-5の画面が表示され、「作成者」や「説明文」「バージョン」など、より細かく設定できます。

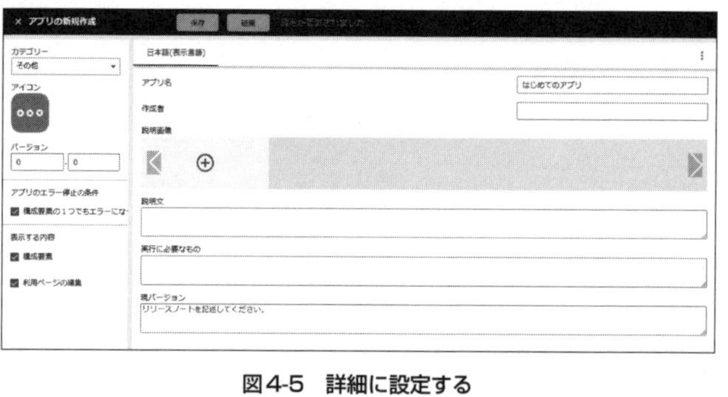

図4-5　詳細に設定する

[3] アプリが作られた

アプリが作られました(図4-6)。

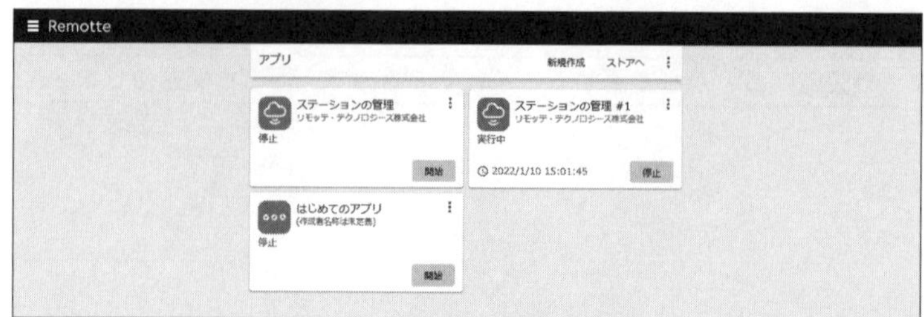

図4-6　アプリが作られた

[4] アプリの編集画面を開く

図4-6において、作られた「はじめてのアプリ」をクリックして開きます。

すると、**第3章**で操作したのと同じ、アプリの編集画面が開きます(**図4-7**)。

[メモ]

図4-7は[全般]タブを示していますが、どのタブが開くのかは、前回の編集状態に依存します。

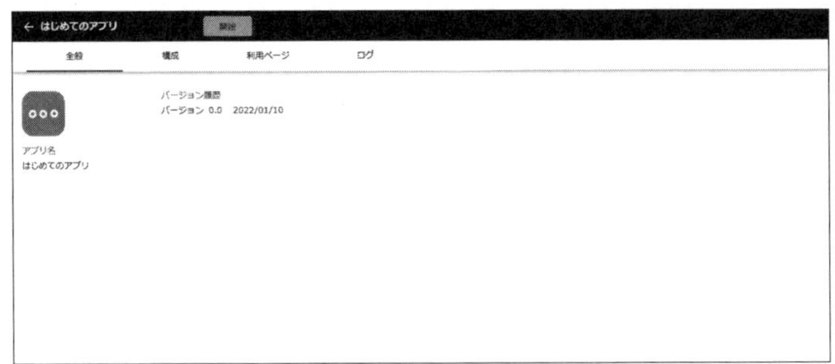

図4-7 アプリの編集画面が開いたところ

4-4 構成要素を追加する

アプリができたら、構成要素を追加していきましょう。

■構成要素の「役割」

構成要素は、大きく、**「センス」「制御」「入出力」**の3種類の役割に分かれます。

これは「Remotteステーション」と「構成要素」の、どちらからどちらの方向にデータを流すかの規定です(**図4-8**)。

①センス

Remotteステーションが、構成要素からの値を受け取ります。

②制御

Remotteステーションは、構成要素に向けて、データを送信します。

③入出力

Remotteステーションと構成要素とで、双方向にデータを送信します。

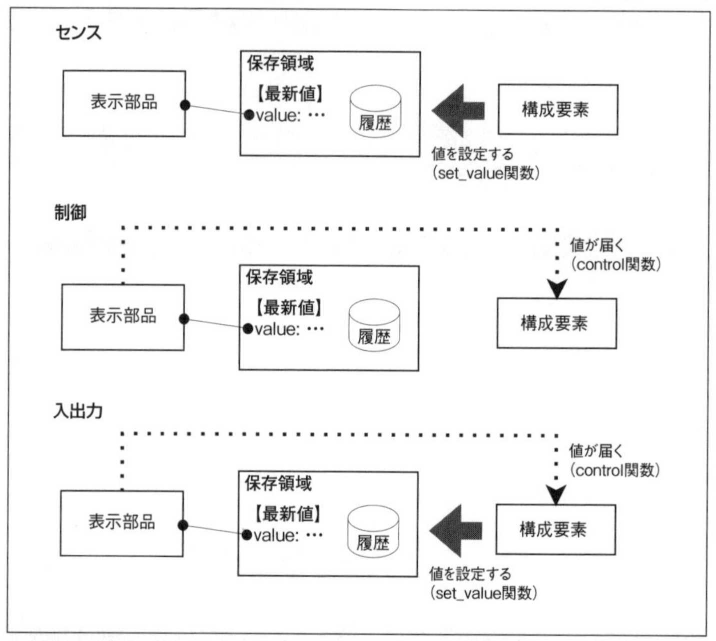

図4-8　構成要素の役割

■構成要素の種類

Remotteには、**表4-1**に示す構成要素タイプが定義されています。

構成要素は「一般データ系」「メディア系」「解析系」「カスタム系」に分かれます。

ここからしばらく「一般データ系」の構成要素を扱います。カスタム系については**第6章**で、メディア系と解析系については**「スペシャルコンテンツB」**で扱います。

表4-1　構成要素の種類

【一般データ系】

カテゴリー	役割	構成要素タイプ	例
オン・オフ	センス	オン・オフセンス	ドアセンサの開閉
	制御	オン・オフ制御	リセットボタン
	入出力	オン・オフ入出力	スピーカーのミュート
1つの数値	センス	1つの数値センス	温度、湿度センサ
	制御	1つの数値制御	各種の調整つまみ
	入出力	1つの数値入出力	音量調節
2つの数値	センス	2つの数値センス	GPSデータ
	制御	2つの数値制御	範囲設定
	入出力	2つの数値入出力	左右バランス
3つの数値	センス	3つの数値センス	3次元加速度
	制御	3つの数値制御	色の設定
	入出力	3つの数値入出力	年月日や時分秒
テキスト	センス	テキストセンス	バーコード読み取り
	制御	テキスト制御	音声合成
	入出力	テキスト入出力	メッセージング
画像	センス	画像センス	物体認識

【メディア系】

カテゴリー	役割	構成要素タイプ	例
標準(UVC)	ビデオ	標準ビデオカメラ	PCに搭載されたもの USB接続によるもの
	音声	標準マイク	
	ビデオと音声	標準ビデオカメラとマイク	
ネットワーク	ビデオ	ネットワークカメラ	ローカルネットワーク上のデバイス ファイル
	音声	ネットワークマイク	
	ビデオと音声	ネットワークカメラとマイク	
ブラウザ	ビデオ	ブラウザのカメラ	利用者のブラウザで使用できるデバイス
	音声	ブラウザのマイク	
	ビデオと音声	ブラウザのカメラとマイク	
カスタム	ビデオ	カスタムカメラ	Pythonプログラムがメディアストリームを供給する
	音声	カスタムマイク	
	ビデオと音声	カスタムカメラとマイク	

【解析系】

カテゴリー	役割	構成要素タイプ	例
ビデオ解析	値出力のみ	ビデオ解析（値出力のみ）	動体追跡 テキスト抽出 顔検出
	画像出力のみ	ビデオ解析（画像出力のみ）	
	値と画像の両方を出力	ビデオ解析 （値と画像の両方を出力）	
音声解析	値出力のみ	音声解析（値出力のみ）	音声制御 会話認識 騒音測定
	音声出力のみ	音声解析（音声出力のみ）	
	値と音声の両方を出力	音声解析 （値と音声の両方を出力）	

【カスタム系】

カテゴリー	役割	構成要素タイプ	例
カスタム	センス	カスタムセンス	複数の情報を扱うもの
	制御	カスタム制御	
	入出力	カスタム入出力	

■「オン・オフ制御」の構成要素を作る

それでは実際に、構成要素を作ってみましょう。

＊

まずは、PCのスピーカーの「オン・オフ」(ミュート)を操作するためのトグルスイッチと結び付ける構成要素を作ってみます。

表4-1に示したように、「オン・オフ」のカテゴリーには、「オン・オフセンス」「オン・オフ制御」「オン・オフ入出力」の3つの構成要素タイプがあります。

ユーザーの操作でデバイス(ここではPCスピーカー)を動かしたいので、「オン・オフ制御」を使います。

手　順　「オン・オフ制御」の構成要素を作る

[1] 構成要素を追加する

[構成]タブをクリックして、構成ページを開きます。

左下の[+]ボタンをクリックしてメニューを表示し、[新規作成]を選択して、構成要素を新規作成します(図4-9)。

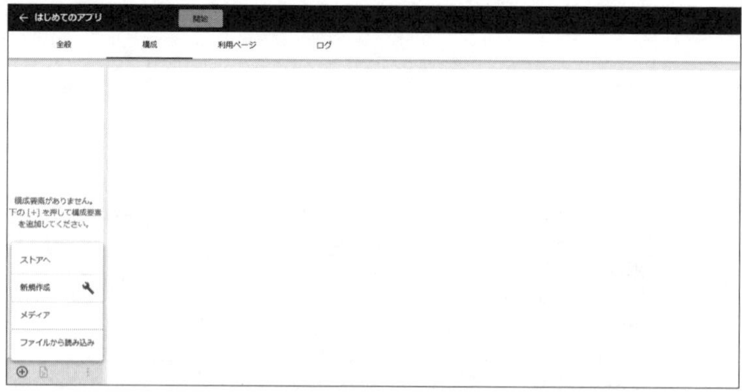

図4-9　構成要素を新規作成する

[2] オン・オフ制御の構成要素を追加する

［カテゴリー］で［オンオフ］を選択し、入出力タイプで［オン・オフ制御］を選択します。

そして［自作物］を選択して、構成要素名を入力します。

どのような名前でもよいのですが、ここではスピーカーのミュートの用途に使うので、「ミュート」と入力します。

［OK］ボタンをクリックして、作成を完了します。

図4-10　オン・オフ制御を追加する

コラム 詳細に設定する

図4-10において、[詳細に設定する]をクリックすると、作成者名や説明文を入力したり、バージョン番号を設定したりできます(図4-11)。

図4-11 詳細設定画面

[3] 構成要素が追加された

構成要素が追加されました(図4-12)。

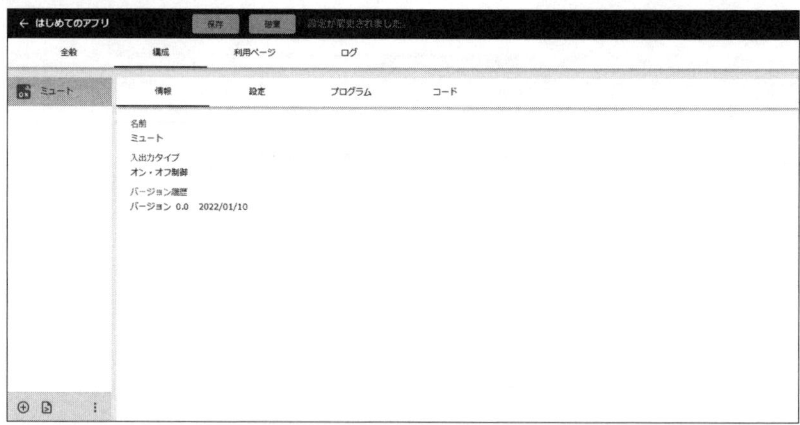

図4-12 構成要素が追加された

[4] データをデータベースに保存するかどうかを決める

追加されたら[設定]タブを開き、この構成要素の設定を決めておきます。

いくつかの設定がありますが、まず決めたいのが、[データを保存する]というオプションです。

このオプションを「オン」にすると、値がデータベースに書き込まれ、履歴データとして残ります。

たとえば「温度」や「湿度」などの観測データを扱う構成要素であれば、「オン」にしてデータベースに保存しておくと履歴が記録され、あとでCSV形式として取り出すことができます。

また、一度、アプリを停止しても、過去履歴も含めてグラフなどで表示できるようになるため、こうしたケースでは、「オン」にすべきです。

しかし、ここで作っている「ミュートにするかどうかを決める構成要素」の場合は、ユーザーがオン・オフするたびに、それを履歴として保存しておく必要はありません(いつミュートしたかを記録したいのなら話は別ですが)。

そのため、データベースに保存する必要がないので、チェックは付けないままにしておきます(図4-13)。

図4-13　[設定]タブで、データを保存するかどうかを決める(ここではチェックを付けない)

コラム オプションの設定

図4-13には、[オプション]の項目があり、クリックすると、**図4-14**の画面が表示され、「変数名」(キーの名前)と「表示名」(**図4-13**の画面で管理者に表示される名称)を設定できます。

この設定値は、のちに説明する「__init__関数」の引数「opt」に渡されて、管理者の設定値をプログラム側で参照したいときに使います。

たとえば**図4-14**のように「option」という変数名を設定している場合、これがキー名となり、この設定値は、「opt['option']」として取得できます。

図4-14 オプションの設定

[5]保存しておく

この段階で、一度、保存しておきましょう。

図4-13の画面で[保存]ボタンをクリックしてください。

■表示項目とレイアウトの確認

構成要素を作ると、それに結び付けられた表示部品も自動的に作成されます。

[利用ページ]タブをクリックすると、[デフォルトページ]があり、その[表示項目]タブをクリックすると、いま追加した[ミュート]が存在することが分かります。

ここには[最新値]にチェックが付いており、「最後に保存した値」にアクセスできるように構成されています(**図4-15**)。

そしてさらに[レイアウト]タブをクリックすれば、この表示部品が配置されていることが分かります(**図4-16**)。

図4-15　表示項目を確認したところ

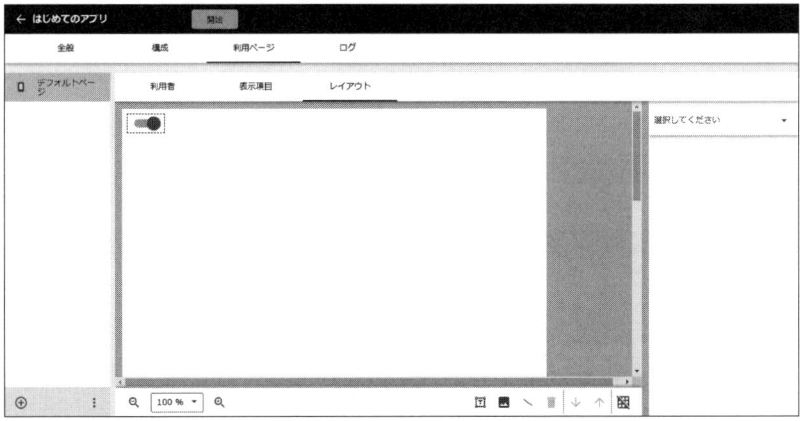

図4-16　レイアウトを確認したところ

4-5 プログラムを書く

このように、構成要素を作れば、画面には表示部品が作られます。

そしてこのアプリを[開始]する操作をして開始すれば、実際のページ上でオン・オフの操作もできますが、まだコードを何も書いていないので、操作しても、何も起こりません。

必要なコードを書いて、スイッチを操作したときにスピーカーがミュートするようにしていきましょう。

■構成要素を構成するプログラム

まずはプログラムの構造から説明します。
1つの構成要素には、最低3種類のプログラムが含まれています。
これらのプログラムは、[プログラム]タブで確認できます(**図4-17**)。

[メモ]

プログラムファイルの枠の右上のメニューから、ライブラリやデータファイルなど、それ以外のファイルを追加することもできます。

図4-17　構成要素を構成するプログラム

●__init__.py

構成要素(もしくは、その構成要素を含むアプリ)が開始されるときに、1回だけ実行されるプログラムです。

ここには一般に、開始時に何か初期化するコードを書きます。

たとえば、「値のデフォルト値を設定する」とか、「デバイスの初期化コードを書く」などです。

●Install.ps1

構成要素(もしくは、その構成要素を含むアプリ)が、はじめて「Remotteステーション」に読み込まれるときに実行されるPowerShellの初期化スクリプトです。

Pythonで必要な追加のモジュールをインストールする処理を実行したいとき(pip installなどを実行したいとき)に使います。

●インターフェイスファイル(input_sense.py、output_control.py、input_output.py)

構成要素の主体となるプログラム本体です。

「センス」「制御」「入出力」の、どの役割なのかによって、作られるファイル(およびデフォルトで作られているプログラムのコード)が異なります(**表4-2**)。

表4-2　インターフェイスファイルのファイル名

役割の種類	ファイル名
センス	input_sense.py
制御	output_control.py
入出力	input_output.py

コラム 「初期化スクリプト」と「アンインストールスクリプト」

デフォルトでは「Install.ps1」しかありませんが、次の名前の「PowerShellスクリプト」を追加で作ると、「初期化」や「アンインストール」の目的で利用できます。

①Initialize.ps1

初期化スクリプトです。

[構成] タブの左下のメニューから手動で [初期化スクリプトの実行] を選択すると、実行できます。

中間ファイルや作業用ファイルを削除したり、起動中のプロセスを強制的に再起動したりするコードは、このスクリプトに書くとよいでしょう。

②Uninstall.ps1

構成要素（もしくは、その構成要素を含むアプリ）がアンインストールされたときに実行されます。

「Install.ps1」でインストールしたものを、アンインストールするコードなどは、このスクリプトに書くとよいでしょう。

■プログラムの基本構造

「表示部品」および構成要素の内部の「最新値」と「プログラム（input_sense.py、output_control.py、input_output.pyのいずれか）」との連携は、**図4-18**のように構成されています。

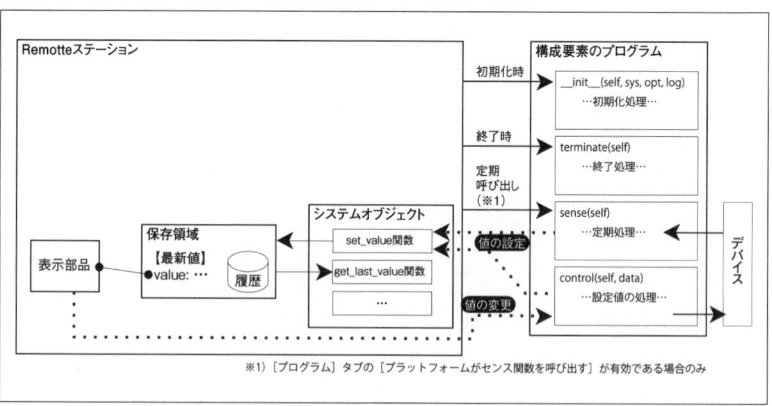

図4-18 「最新値」と「プログラム」との連携

●初期化処理(共通)

構成要素がRemotteによって読み込まれると(インスタンスが作られると)、「__init__」という関数が呼び出されます。

この関数は、実装が必須のコンストラクタで、次の書式です。

```
def __init__(self, sys, opt, log):
```

それぞれの引数の意味は、下記の通りです。

・sys

Remotteシステムオブジェクト。

・opt

構成要素のオプション設定で設定された辞書データ。

・log

ログ出力のloggerオブジェクト

このうち、「sys引数」で渡される「Remotteシステムオブジェクト」は、Remotteとやり取りするときに必要です。

すぐあとに説明しますが、「最新値に値を設定したり、他の構成要素とデータをやり取りするような場面では、この「Remotteシステムオブジェクト」に実装されている関数を使います。

他にも「opt」は、オプション設定画面(「【コラム】オプションの設定」(p.80)を参照)で設定されたオプション値を参照するのに必要ですし、logはログ出力に必要です。

そこで、「__init__関数」の実装では、たとえば次のように、引数をローカル変数に保存しておいて、あとで使えるようにしておくのが「Remotteアプリ」の慣例です。

```
def __init__(self, sys, opt, log):
    self._sys = sys
    self._opt = opt
    self._log = log
```

●定期的な呼び出しと最新値の設定(input_sense.py、input_output.py)

「センス」もしくは「入出力」の構成要素では、設定画面において、[プラットフォームがセンス関数を呼び出す]にチェックを付けたときには、「sense」という関数が定期的に呼び出されます。

```
def sense(self):
```

この関数では、たとえば、デバイスなどから情報を読み取って、それを「最新値」として設定するような処理を実装します。

そうすると、その最新値に結び付けられている表示部品が、その値を表示する、という仕掛けです。

最新値を設定するには、次の書式のようにして、「Remotteシステムオブジェクト」の「set_value関数」を呼び出します。引数levelは省略可能です。

```
システムオブジェクト.set_value(data, level='normal')
```

[メモ]

ここでは、sense関数の内部でset_value関数を呼び出す流れで説明していますが、set_value関数は、どのタイミングでも、好きなときに呼び出せます。

たとえば、初期値を設定したいような場合には、「__init__関数」の処理で「set_value関数」を呼び出して初期値を設定するように実装すればよいですし、「ユーザーの設定値が違反だった」ような場合には、次に説明するcontrol関数で「set_value関数」を呼び出して、有効な範囲内の値に強制的に再設定するような処理を書くとよいでしょう。また、実装によっては、スレッドやタイマーで何か処理して、値を「set_value関数」で設定するというやり方もあります。

設定値は「data」に設定します。

dataは、次の書式のように、「キー」に対して値を設定します。

「キー名」は、表示部品と関連付けるときのキー名です。

ここでは、「value」としてありますが、実際は任意名であり、表示部品に合わせるようにします。

```
{'value' : 設定値}
```

「2つの数値」や「3つの数値」を持たせたい場合は、値を配列で設定します。

```
{'value' : [設定値1, 設定値2, …]}
```

省略可能な「levelパラメータ」は、①「値をデータベースに保存して残す」か、②「システムの負荷が高いときに、その値を一部間引く」かどうかの設定です。

「high」「normal」「low」のいずれかをとり、その意味は、**表4-3**の通りです。

表4-3　レベルの設定

		高負荷時の配信		
レベル	データベースへの保存	低負荷時	警告負荷時	高負荷時
high	する	○	○	○
normal	する	○	△	×
low	しない	○	×	×

○：配信される
△：間引きされる
×：配信されない
低負荷時：ステーションPCのリソース使用率80%未満
警告負荷時：ステーションPCのリソース使用率80～90%
高負荷時：ステーションPCのリソース使用率90%以上

●最新値が変化しようとするとき（output_control.py、input_output.py）

「制御」または「入出力」の構成要素の場合、ユーザーが表示部品を操作して「最新値」が変わろうとするときに「control関数」が呼び出されます。

```
def control(self, data):
```

引数「data」が、設定された新しい値です。

デバイスを制御するようなプログラムでは、この値をデバイスに適用するコードを、ここに書くことでしょう。

＊

ここで1つ、重要なことがあります。

それは、「control関数」のなかで、先ほど説明した「Remotteシステムオブジェクト」の「set_value関数」を呼び出して、引数に渡された「data」を、Remotte側に再設定する処理が必要だということです。

これは「control関数」が呼び出されたときは、まだ「最新値」は変更されておらず、「control関数」内で「set_value関数」を呼び出したときに、「最新値」が更新される仕組みであるためです。

「set_value関数」の呼び出しをしないと、最新値が更新されません。

これは、データが履歴として残らないということでもありますが、複数のユーザーが操作しているときに、操作しているユーザー以外の画面が更新されないということでもあります。

*

たとえば、ユーザーAとユーザーBの2人で操作していたとします。

Aさんが表示部品を操作して最新値を変更した場合、「control関数」が呼び出されるわけですが、これが起きたことをBさんは知らないので、Bさんの表示部品は古い値のままです。

「control関数」の処理内で「Remotteシステムオブジェクト」の「set_value関数」を呼び出すことで「最新値」が更新され、それに伴い、Bさんの表示部品に、その値が反映されます。

「set_value関数」に設定する値は、引数「data」と異なっていてもかまいません。

ユーザーが、許可される範囲外の値を設定しようとしたときは、範囲内に収めた値を「set_value関数」で設定することで、強制的に、設定値を、その範囲の内に収めることができます。

●任意のタイミングで最新の値を取得したいとき

このように「control関数」が呼び出されたときには、最新値を引数「data」で参照できますが、任意のタイミングで、最新値を取得したいこともあると思います。

そのようなときは、「Remotteシステムオブジェクト」の「get_last_value関数」を呼び出します。

```
システムオブジェクト.get_last_value()
```

「get_last_value関数」は、最後に「set_value関数」を設定したときの値を返します。

一度も「set_value関数」が呼び出されていない場合は、「None」を返します。

コラム 停止やデバッグのための関数

システムオブジェクトには、構成要素を停止したり、コンソールにテキストを表示したりする関数もあります。

①kill_self関数

「Remotteステーション」に対して、構成要素の停止を要求します。

```
システムオブジェクト.kill_self()
```

②print関数

管理ツールのコンソールにテキストを表示します。
デバッグ目的などに使うとよいでしょう。

```
システムオブジェクト.print(*arguments)
```

●終了処理

構成要素が終了する場面(構成要素を含むアプリが停止する場面)では、「terminate関数」が呼び出されます。

何か終了処理をしたい場合は、ここに実装します。

```
def terminate(self):
```

■構成要素プログラムの作り方

以上の説明を踏まえて、構成要素のプログラムの作り方を「センス」と「制御」のそれぞれでまとめると、次のようになります。

「入出力」は、「センス」と「制御」の両方を備えるように構成します。

●「センス」の場合の構成

センスの場合は、「__init__関数」と「sense関数」を実装します(図4-19)。

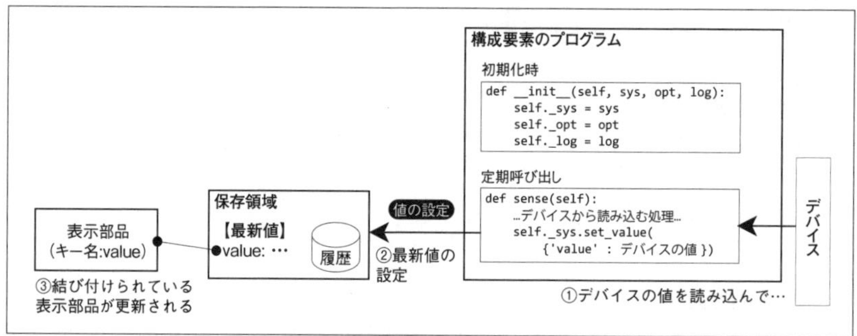

図4-19 センスの場合の構成(煩雑なため、図からシステムオブジェクトを省略しています)

① __init__関数

「__init__関数」では、Remotteのシステムオブジェクトやオプションオブジェクト、ログオブジェクトを、あとで使えるようにするため、引数として受け取ったオブジェクトを、いったん保存しておきます。

```
def __init__(self, sys, opt, log):
    self._sys = sys
    self._opt = opt
    self._log = log
```

② sense関数

構成要素の設定で[プラットフォームがセンス関数を呼び出す]にチェックを付けると、この関数が定期的に呼び出されるようになるので、デバイスの値を「最新値」として設定する処理を書きます。

具体的には、デバイスから読み込んだ値など、表示部品に表示したい値を、次のようにして、「set_value関数」に渡します。キーに指定している'value'は一例です。

```
def sense(self):
    …デバイスから読み込む処理…
    self._sys.set_value({'value' : デバイスの値})
```

●「制御」の場合の構成

制御の場合は、「__init__関数」と「control関数」を実装します(図4-20)。

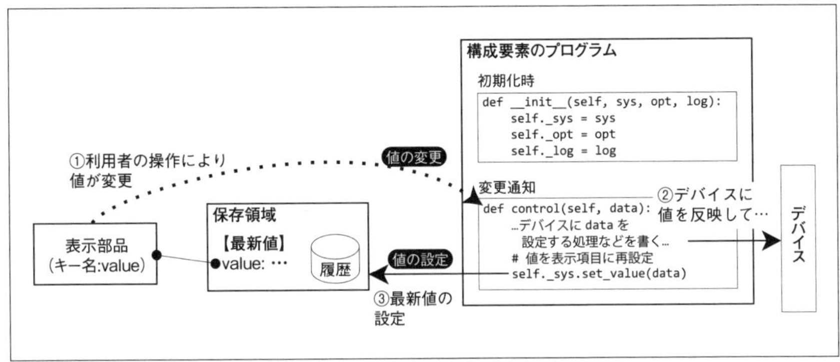

図4-20　制御の場合の構成

---

①__init__関数

「__init__関数」の実装は、センスの場合と同じです。

②control関数

ユーザーが表示部品を操作して値を変更すると、「control関数」が呼び出されます。ここでは引数に渡された値をデバイスに書き込むなどの処理をします。

先ほど説明したように、このとき、「Remotteシステムオブジェクト」の「set_valueメソッド」を呼び出して、引数に渡された値を書き戻すように実装するのが大事です。

```
def control(self, data):
    …デバイスにdataを設定する処理などを書く…
    # 値を表示項目に再設定
    self._sys.set_value(data)
```

4-6 PCのスピーカーをミュートする例

以上を踏まえて、いま配置した「オン・オフの構成要素」に結び付けられた表示部品を操作したとき、PCのスピーカーがミュートしたり、ミュート解除したりするプログラムを作っていきます。

■PCのスピーカーを制御するライブラリ

Remotteでは、プログラムをPythonで記述します。

PythonでPCのスピーカーを制御するには、何か適当なライブラリを使います。

ここでは「**pycaw**」というライブラリを使うことにします。

【pycaw】

https://github.com/AndreMiras/pycaw

このライブラリを利用するには、「pycaw」本体以外に、「pywin32ライブラリ」が必要です。

普通に使うときは、「pipコマンド」を使って、次のようにインストールします(今回は、Remotteから使うので、このコマンドを実行する必要はありません)。

```
pip install pywin32
pip install pycaw
```

ミュートしたり解除したりするには、**リスト4-1**のコードを書きます。

リスト4-1 ミュートや解除の例

```
from ctypes import cast, POINTER
from comtypes import CLSCTX_ALL
from pycaw.pycaw import AudioUtilities, IAudioEndpointVolume
import pythoncom

# ミュートする場合。解除の場合はSetMuteの引数を「0」にする
pythoncom.CoInitialize()
devices = AudioUtilities.GetSpeakers()
interface = devices.Activate(
    IAudioEndpointVolume._iid_, CLSCTX_ALL, None)
volume = cast(interface, POINTER(IAudioEndpointVolume))
volume.SetMute(1, None)
```

■Install.ps1にライブラリのインストールコードを書く

では、ミュートの処理を実装していきます。

＊

まずやることは、必要なライブラリをインストールすることです。

「Remotteアプリ」では、「Install.ps1」というPowerShellスクリプトに、構成要素(もしくは、その構成要素を含むアプリ)が、はじめて「Remotteステーション」に読み込まれるときに実行したいコマンドを書きます。

ここにpipコマンド(Pythonのライブラリをインストールするコマンド)を書いておくと、それが実行され、ライブラリをインストールできます。

[メモ]

構成要素(または、その構成要素を含むアプリ)が、Remotteから削除されようとするときには、Uninstall.ps1ファイルが呼び出されます(このファイルはデフォルトでは作られないので、使いたいときは、このファイル名のファイルを、構成要素の画面で新規作成します)。

アンインストール処理を書きたいときは、このファイルに記述するとよいでしょう。

手 順　「Install.ps1」にライブラリのインストールコードを書く

[1]「Install.ps1」を開く

[構成]タブを開いて[コード]をクリックすることで、コードを編集できます。[Install.ps1]タブをクリックして、このコードを開きます(図4-21)。

図4-21　Install.ps1を開く

[2] ライブラリをインストールするコマンドを書く

次のコードを末尾に記述します。記述したら、[保存]ボタンをクリックして保存します(図4-22)。

```
pip install pywin32
pip install pycaw
```

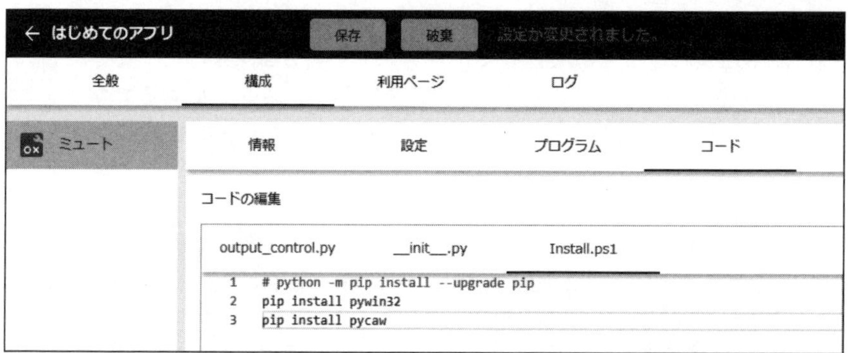

図4-22 末尾に「pywin32」ならびに「pycawライブラリ」をインストールするコードを記述する

■output_control.pyのコードを書く

引き続き、「output_control.py」のコードを記述します。

ここには、PCのスピーカーをミュートしたり、ミュート解除したりする処理を実装します。

手順 output_control.pyにミュート処理のコードを書く

[1] output_control.pyを開く

[output_control.py]タブを開いて、コードを入力していきます(図4-23)。

デフォルトで入力されているコードは、リスト4-2の通りです。

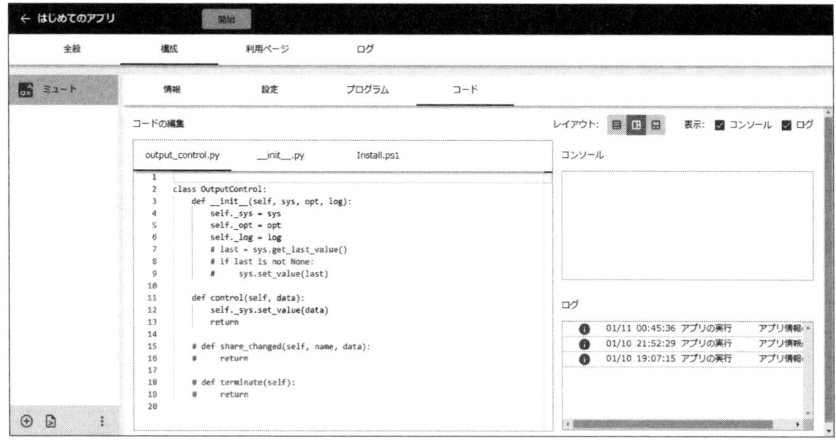

図4-23　output_control.pyを開く

リスト4-2　デフォルトで入力されているコード

```
class OutputControl:
    def __init__(self, sys, opt, log):
        self._sys = sys
        self._opt = opt
        self._log = log
        # last = sys.get_last_value()
        # if last is not None:
        #     sys.set_value(last)

    def control(self, data):
        self._sys.set_value(data)
        return

    # def share_changed(self, name, data):
    #     return

    # def terminate(self):
    #     return
```

[2] control関数の処理を変更する

「control関数」の処理を変更します。表示部品において、デフォルトの「キー名」は、「value」に設定されています。

「オン・オフ制御」の場合、「control関数」の引数「data」に、

・「オン」のときは「data['value']がTrue」
・「オフ」のときは「data['value']がFalse」

という値が、それぞれ渡されます。

そこで、**リスト4-3**のように実装します。

図4-24のように入力し、入力を終えたら、[保存]ボタンをクリックしてください。

リスト4-3 変更後のoutput_control.py

```
from ctypes import cast, POINTER
from comtypes import CLSCTX_ALL
from pycaw.pycaw import AudioUtilities, IAudioEndpointVolume
import pythoncom

class OutputControl:
    def __init__(self, sys, opt, log):
        self._sys = sys
        self._opt = opt
        self._log = log
        # last = sys.get_last_value()
        # if last is not None:
        #     sys.set_value(last)

    def control(self, data):
        # 「オン」「オフ」の状態を判定
        if data['value']:
            value = 1
        else:
            value = 0

        # ミュート制御
        pythoncom.CoInitialize()
        devices = AudioUtilities.GetSpeakers()
        interface = devices.Activate(
            IAudioEndpointVolume._iid_, CLSCTX_ALL, None)
        volume = cast(interface,
            POINTER(IAudioEndpointVolume))
        volume.SetMute(value, None)
```

```
        # 引数に渡された値を、最新値として設定
        self._sys.set_value(data)
        return

    # def share_changed(self, name, data):
    #     return

    # def terminate(self):
    #     return
```

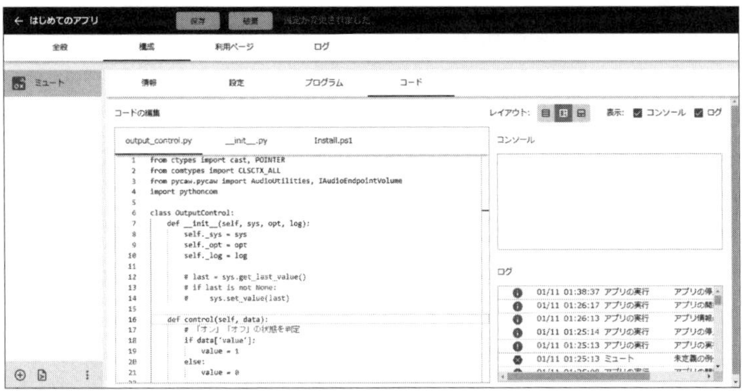

図4-24　リスト4-3を入力したところ

リスト4-3では、次のようにオン・オフの状態を確認し、先ほど示したサンプルの通り、ミュートの設定・解除をしています。

```
# 「オン」「オフ」の状態を判定
if data['value']:
    value = 1
else
    value = 0
```

最後に、「最新値」に対して、引数に渡された値を、そのまま設定しています。これで最新値が更新されます。

```
# 引数に渡された値を、最新値として設定
self._sys.set_value(data)
```

■動作確認する

これでひとまず、完成です。

実行して、動作を確認してみましょう。

手　順　ミュート機能の実装を確認してみる

[1] インストールスクリプトを実行する

このプログラムを実行するには、「pycawライブラリ」および「pywin32ライブラリ」が必要です。

これらをインストールするコマンドは、「Install.ps1」に書きました。

開発中ではないときは、「Remotteアプリ」を追加したときに、自動で「Install.ps1」が実行されるのですが、開発中は、手動で実行しなければなりません。

手動で実行するには、[構成]タブを開き、いちばん下の[実行]ボタンをクリックし、[インストールスクリプトの実行]をクリックします(図4-25)。

すると「Install.ps1」に記述した内容、すなわち、「pipコマンド」による「pywin32」や「pycaw」のインストールが始まります(図4-26)。

確認が終わったら、[閉じる]をクリックして閉じてください。

[メモ]

この操作は、一回だけ実行すれば充分です。

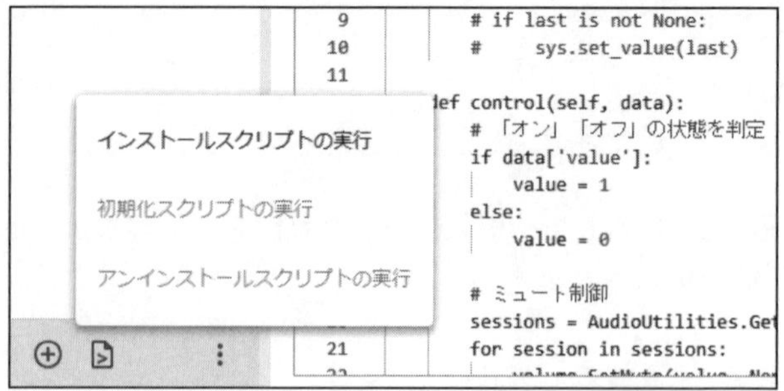

図4-25　インストールスクリプトを実行する

図4-26　Install.ps1の実行によって、pycawがインストールされた様子

[2] アプリを開始する

いちばん上にある［開始］ボタンをクリックして、アプリを開始します（図4-27）。

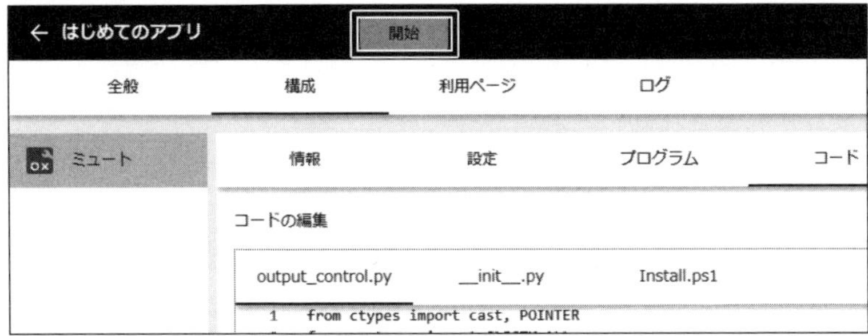

図4-27　アプリを開始する

コラム エラーが発生したときは

アプリの開始によって、Pythonのプログラムが読み込まれます。

コードに不具合などがあるときは、[コンソール]に、エラーメッセージが表示されます(図4-28)。

その場合、内容を確認してから、コードを修正してください。

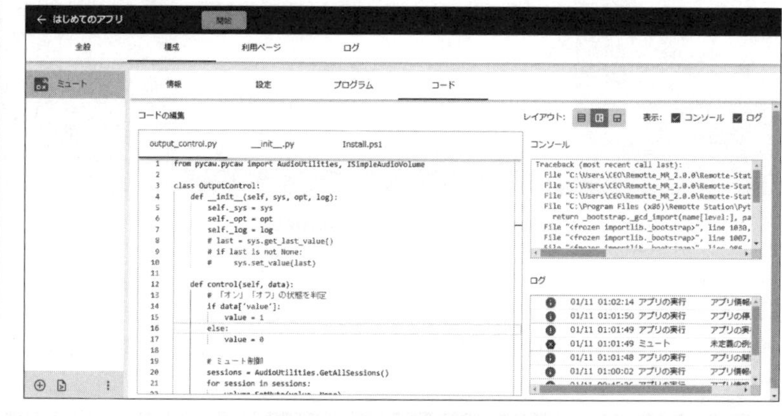

図4-28 エラーが発生したとき

[3] アプリが開始された

エラーがなければ、[開始]ボタンは[停止]ボタンに変わり、その右側に、開始時間が表示されます(図4-29)。

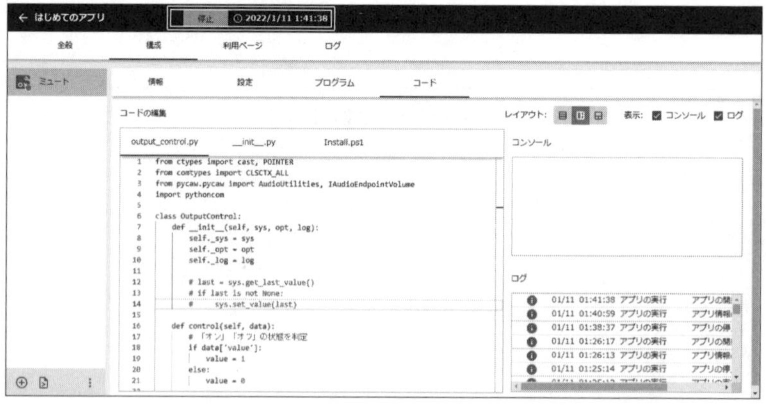

図4-29 開始した

[4] 利用ページから操作する

［利用ページ］タブをクリックして、［デフォルトページ］を開いて、動作を確認します。

スイッチを「オン・オフ」して、PCのスピーカーがミュートになったり、ミュート解除されたりすることを確認しましょう（**図4-30**）。

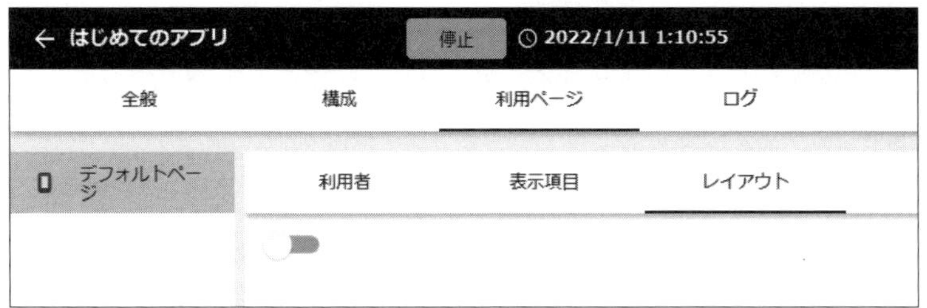

図4-30　オン・オフの操作で、ミュート/解除の操作ができるかを確認する

コラム 問題が発生すると停止する

デフォルトでは、アプリの設定で［構成要素の１つでもエラーになったら停止］にチェックが付いていて、何らかのエラーが発生したときは、アプリ全体が停止します（**図4-31**）。

停止したら、［コンソール］を確認して（**図4-28**）、エラーの原因を確認しましょう。

図4-31　［構成要素の１つでもエラーになったら停止］の設定

4-7 グラフ表示を作る

同様の方法で、グラフ表示をする構成要素や表示部品を作っていきます。

ここでは、「sin波」(正弦波)を出力するプログラムを作ってみます。

■「一般的な1値センス」を作る

まずは、ユーザーが操作する「制御」ではなくて、ユーザーに表示する「センス」を作ります。

値を1つだけもつ「一般的な1値センス」を作ります。

[メモ]

ここでは改めて、別の構成要素を作っていますが、「カスタム構成要素」として構成すれば、1つの構成要素で、たくさんの種類の値をまとめて扱うこともできます。

その詳細は、第6章で説明します。

手　順　1つの数値センスを作る

[1] アプリを停止する

開始していると編集できないので、もし開始しているなら、アプリを停止します。

[2] 構成要素を追加する

[構成]タブを開き、左下の[＋]ボタンをクリックし、[新規作成]をクリックします(図4-32)。

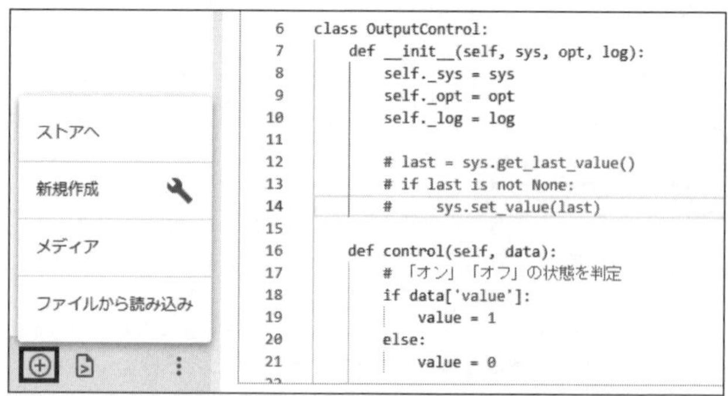

図4-32　構成要素を新規作成する

[3] 1つの数値センスを作る

［カテゴリー］で［1つの数値］を選択し、入出力タイプで［一般的な1値センス］を選択します。

構成要素名は「波形データ」とし、［OK］ボタンをクリックします（図4-33）。

図4-33　1つの数値センスを作る

[4] データを保存するように変更する

このデータはデータベースに保存して、過去履歴も含めてグラフとして表示したいので、［設定］タブを開き、［データを保存する］にチェックを付けておきます。

チェックを付けると、保存期間も設定できます。ここでは7日間としましょう（図4-34）。

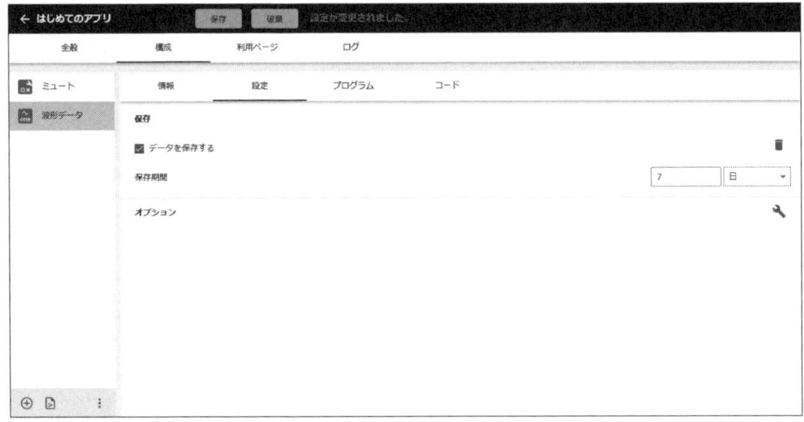

図4-34　データを保存するように構成する

コラム 高頻度でデータを設定するには

> [プラットフォームがセンス関数を呼び出す]で設定できる最小値は「1秒」です。
> それより短いタイミングでデータを設定したいときは、sense関数を利用せず、「__init__関数」のなかでスレッドを作り、スレッドのなかでデータを取得して、「set_value関数」で反映させていくという処理を実装します。

[5]センス関数を呼び出すようにする

次に[プログラム]タブを開き、[プラットフォームがセンス関数を呼び出す]にチェックを付けます。

ここで、「呼び出し頻度」も設定できます。

今回は、仮に「2秒」に設定しておきます(図4-35)。

[プラットフォームがセンス関数を呼び出す]のデフォルトは「オフ」になっているので、この設定を忘れないようにしてください。

図4-35 [プラットフォームがセンス関数を呼び出す]にチェックを付ける

[6]保存する

これで、構成要素の作成まで一段落したので、[保存]をクリックして保存します。

■コードを記述する

次に正弦波を作るコードを記述していきます。

手　順　正弦波を作るコードを記述する

[1] input_sense.pyを開く

[コード]タブにある[input_sense.py]を開きます。

デフォルトのコードは、リスト7-3の通りです(図4-36)。

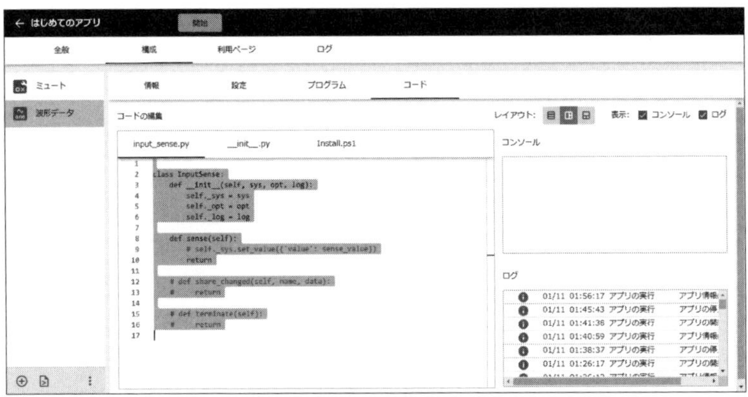

図4-36　[input_sense.py]を開く

リスト7-3　デフォルトのinput_sense.py

```
class InputSense:
    def __init__(self, sys, opt, log):
        self._sys = sys
        self._opt = opt
        self._log = log

    def sense(self):
        # self._sys.set_value({'value': sense_value})
        return

    # def share_changed(self, name, data):
    #     return

    # def terminate(self):
    #     return
```

[2]正弦波の値を返すコードを書く

「sense関数」が、「最新値」を設定する目的の関数なので、ここに正弦波の値を設定するコードを書きます。

いろいろなやり方があると思いますが、ここでは、**リスト4-4**のようにしました。

このコードを入力して、[保存]ボタンをクリックしてください(**図4-37**)。

リスト4-4の「sense関数」では、まず、Pythonのmathライブラリの「sin関数」を使って正弦波を作ります。

```
sense_value = math.sin(time.time())
```

そしてこの値をset_value関数で「最新値」として設定しています。

```
self._sys.set_value({'value': sense_value})
```

リスト4-4 正弦波の値を返すコード

```
import math
import time

class InputSense:
    def __init__(self, sys, opt, log):
        self._sys = sys
        self._opt = opt
        self._log = log

    def sense(self):
        sense_value = math.sin(time.time())
        self._sys.set_value({'value': sense_value})
        return

    # def share_changed(self, name, data):
    #     return

    # def terminate(self):
    #     return
```

図4-37　リスト4-4を入力したところ

■表示部品を整える

これで、ロジックの部分は完成です。

次に、見栄えの部分を作っていきます。

手　順　表示部品を整える

[1]表示項目を確認する

[利用ページ]タブをクリックして、さらに[表示項目]を開きます。すると、いま追加した「波形データ」が登録されていることが分かります。

ここには「最新値」と「履歴」にチェックが付けられているのが分かります。

とくに調整する必要はないので、そのままにしておきます(図4-38)。

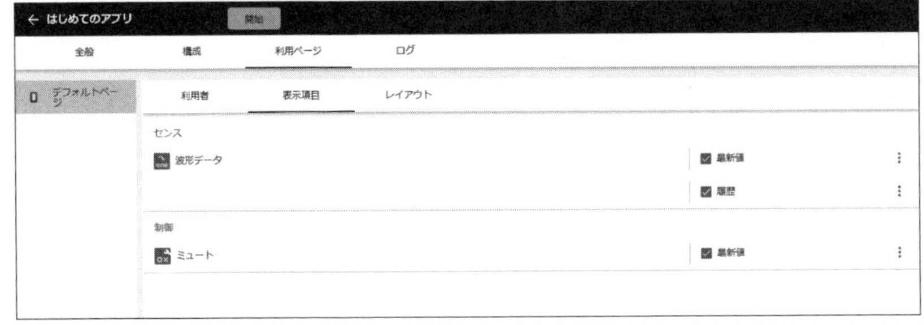

図4-38　表示項目を確認する

[2] グラフ表示に変更する

［レイアウト］タブをクリックして確認します。

「最新値に割り当てられたテキスト」と「履歴に割り当てられた一覧表」の２つが配置されていることが分かると思います(図4-39)。

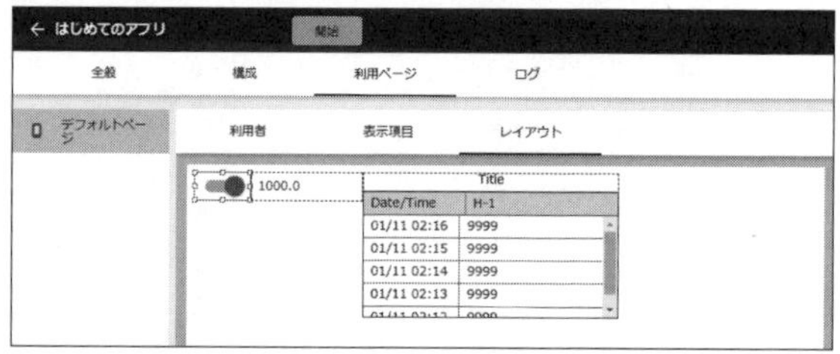

図4-39　2つの表示部品が割り当てられている

この一覧表のほうをグラフに変更しましょう。

履歴と結び付けられている表示部品(一覧表として表示されている部分)をクリックして選択し、右側で［▼］ボタンをクリックして、表示部品を「折れ線グラフ」に変更します。変更したら、［最小値］と［最大値］を設定します。

sin波の大きさに合わせて、「-1」と「1」をそれぞれ設定します(図4-40)。

これで調整は終わりなので、［保存］ボタンをクリックしてください。

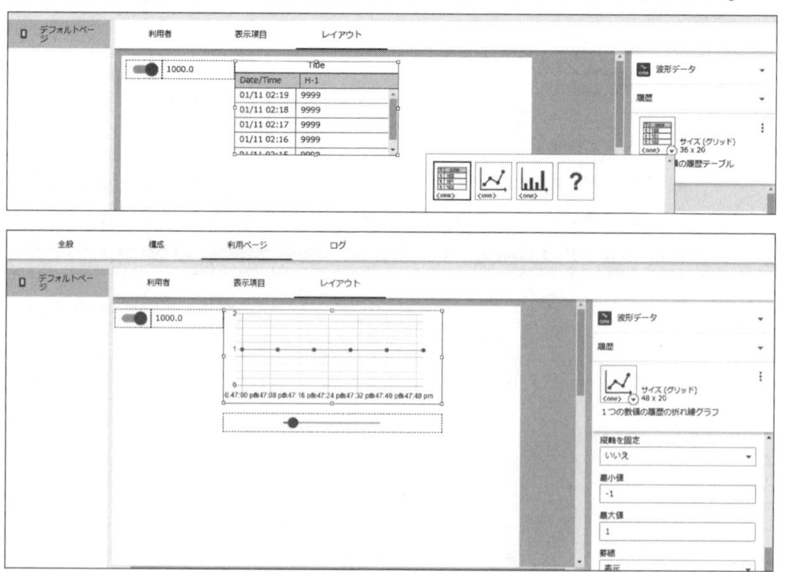

図4-40　折れ線グラフに変更する

■動作確認する

以上で、設定は終わりです。
[開始]ボタンをクリックして開始し、動作を確認します(**図4-41**)。

＊

しばらくすると、グラフが表示されます。
最初は、形が怪しいですが、次第に正弦波に近づきます(**図4-42**)。

[メモ]

ここでは示しませんが、**第2章**で説明したように、グラフは履歴のCSVダウンロード機能に対応しています。
「利用者モード」としてページを開き、グラフをダブルクリックすれば詳細データが表示され、その画面からCSVファイルとしてダウンロードできます。

[メモ]

[履歴]の「表示サイズ」と「単位」を調整することで、横軸方向の時間間隔を変更できます。

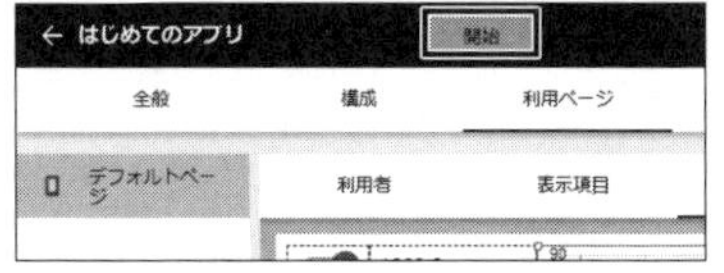

図4-41　開始する

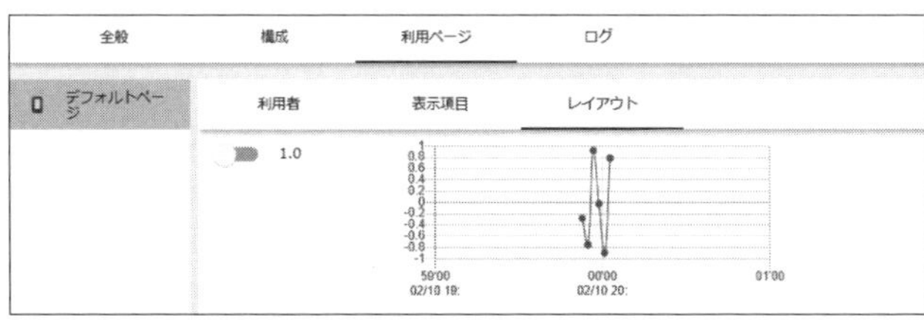

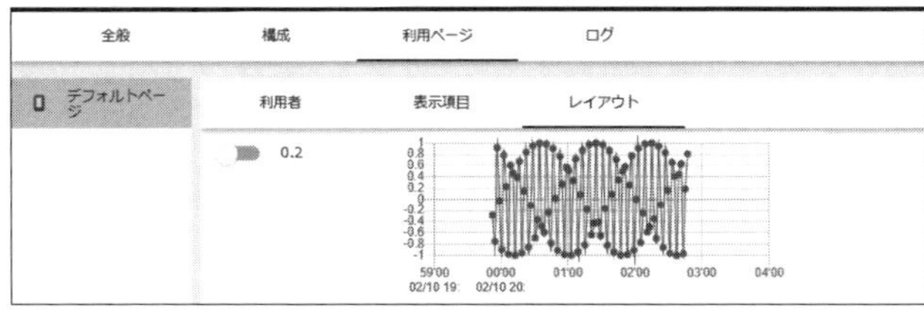

図4-42　表示されたグラフ

4-8 構成要素同士で連携する

これでひとまず、「制御」と「センス」の、両方の基本的な使い方を示しました。

最後に、構成要素同士の連携について説明します。

連携の例として、ページに「ボリューム」を配置し、そのボリュームを左右に動かすと、正弦波の大きさが変わるようにします。

つまり、いま作成した「波形データ」という構成要素と、以下で作る「ボリューム」の構成要素が連携する、すなわち、「波形データの構成要素を構成するプログラムから、スライダーの構成要素の最新値を参照する」といった動作の方法を説明します(**図4-43**)。

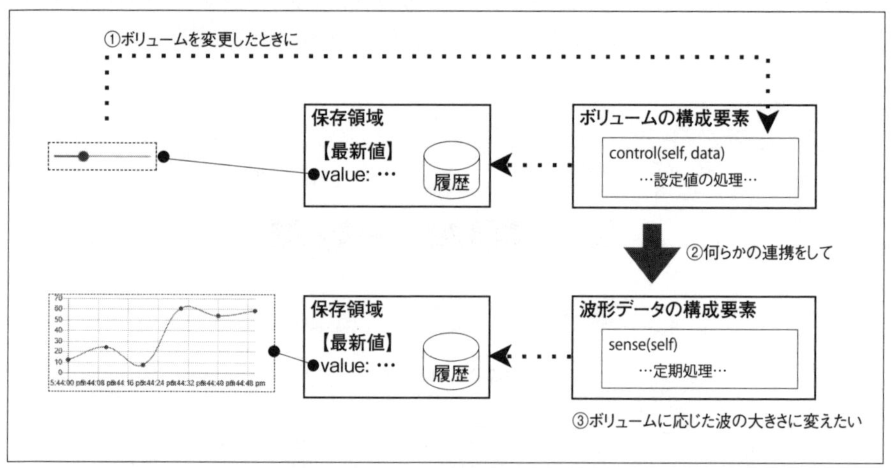

図4-43 構成要素同士が連携する例

■共有機能による最新値のやり取り

構成要素同士でやり取りするには、[プログラム]タブにある[共有]の[アプリ内で最新値を共有する]にチェックを付け、共有する名前を付けます。

これを「共有名」と言います(ただし、「共有名」はオプションであり、未設定でもかまいません)。

すると、この構成要素の「最新値」が更新されると(「set_value関数」を呼び出すと)、他の構成要素の「share_changed関数」が呼び出されるようになります(**図4-44**)。

なお、このとき[共有入力を限定する]にチェックを付けておき、特定の構成要素「share_changed関数」しか呼び出さないようにもできます。

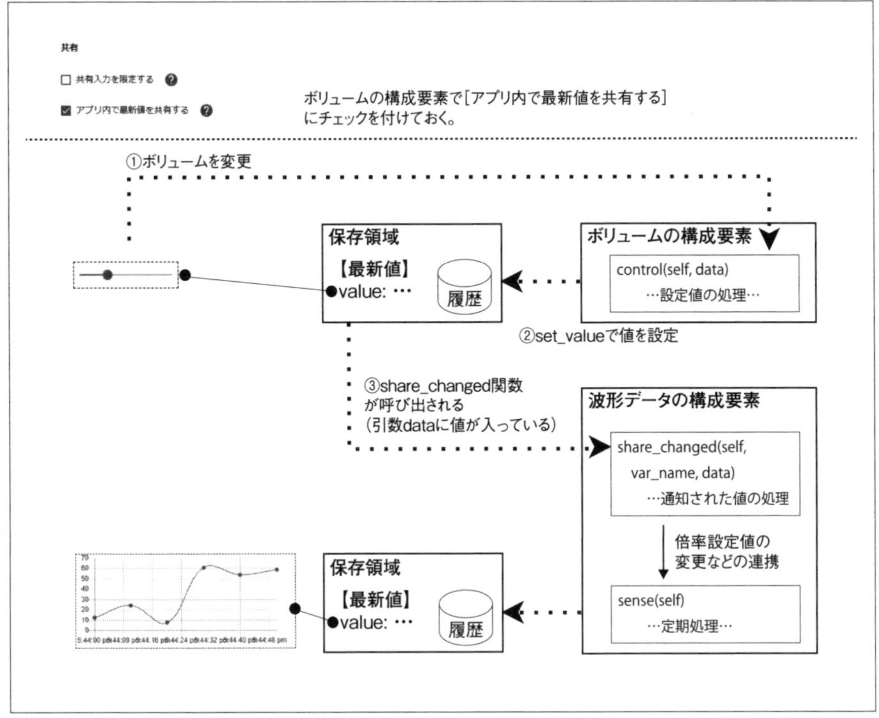

図4-44　共有機能による最新値のやり取り

「share_changed関数」の書式は、次の通りです。

```
share_changed(self, var_name, data )
```

「var_name」は、[アプリ内で最新値を共有する]にチェックを付けたときに指定した「共有名」です。

アプリ内の複数の構成要素で[アプリ内で最新値を共有する]にチェックを付けたときは、どの構成要素からデータが送られてきたのかが分からないので、そういうときには、この「var_name」で送信元を確認するといいでしょう。

「data」は、「set_value関数」で設定したのと同じです。

たとえば「set_value関数」で、

```
{'value' : 設定値}
```

と、いう形式で設定したとします。

このとき、「share_changed」も、この形式、つまり、上記のようなデータであれば、「data['value']」として、設定値を取得できます。

■ボリュームの構成要素を作る

それでは、実際にやってみましょう。

＊

まずは、値を大きくしたり小さくしたりするため、「ボリューム」の構成要素を作成していきます。

これは「1つの数値制御」として作ります。

手 順　1つの数値制御を作る

[1] アプリを停止する

実行していると編集できないので、実行しているのなら、アプリを停止します。

[2] 構成要素を追加する

[構成]タブを開き、左下の[+]ボタンから、[新規作成]をクリックします(図4-45)。

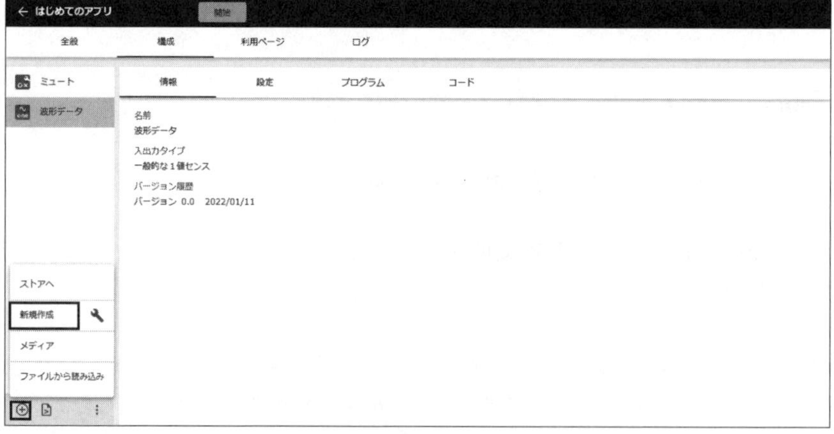

図4-45　構成要素を新規作成する

[3] 一般的な1値制御を作る

[カテゴリー] で [1つの数値] を選択し、入出力タイプで [一般的な1値制御] を選択します。

構成要素名は「ボリューム」とし、[OK] ボタンをクリックします(図4-46)。

[メモ]

これまで説明してきたように、このあと、[設定] タブの [保存] にある [データを保存する] のチェックを付ける、もしくは、外す操作があります。

デフォルトの状態ではチェックが付いておらず、「データを保存しない」(履歴として残さない)動作になります。

今回の用途では、保存する必要性がないため、チェックを付けない(デフォルトのまま、何もしない)ことにします。

図4-46 一般的な1値制御を作る

[4] 共有設定をする

この値を、波形データを作っているアプリに送るため、共有の設定をします。

[プログラム] タブをクリックして開き、[アプリ内で最新値を共有する] にチェックを付けてください。すると「共有名」の入力欄が表示されます。

このアプリでは、ほかの構成要素では共有の設定をオンにしません。

そのため、共有名で「どこからのデータなのか」を判定する必要がないため、ここでは、空欄のままにしておきます(図4-47)。

図4-47 [アプリ内の最新値を共有する]を有効にする

[5]保存する

これで、構成要素の作成まで一段落できたので、[保存]をクリックして保存します。

■コードを記述する

次に、コードを記述します。

*

ここでは、ボリュームの初期値を設定するため、「__init__関数」で初期値を設定しておきます。

今回は、初期値を「50」としました(**リスト4-5**)。

ほかの部分は**デフォルト**のままです。

デフォルトのコードは、**リスト4-5**に示すように、すでに、「control関数」の処理内に、「set_value関数」を呼び出す処理があるため、この部分に追加で記述することはありません(**図4-48**)。

リスト4-5　ボリューム構成要素のコード

```
class OutputControl:
    def __init__(self, sys, opt, log):
        self._sys = sys
        self._opt = opt
        self._log = log

        # 追加
        self._sys.set_value({'value' : 50})

        # last = sys.get_last_value()
        # if last is not None:
        #     sys.set_value(last)

    def control(self, data):
        self._sys.set_value(data)
        return

    # def share_changed(self, name, data):
    #     return

    # def terminate(self):
    #     return
```

図4-48　「output_control.py」をリスト4-5のように修正する

■表示部品を整える

次に、レイアウトを調整していきます。

手 順 ボリュームのレイアウトを調整する

[1] 表示部品を変更する

[利用ページ]タブをクリックして開き、[デフォルトページ]を開くと、もう1つ「1000.0」というテキストボックスの項目が加わっているのが分かると思います。

これが、いま追加したボリューム構成要素に相応するものです。

この表示部品を「ボリューム」の操作用に変更します。

右側の部分で、表示部品を選択できる[▼]ボタンをクリックして開きます(図4-49)。

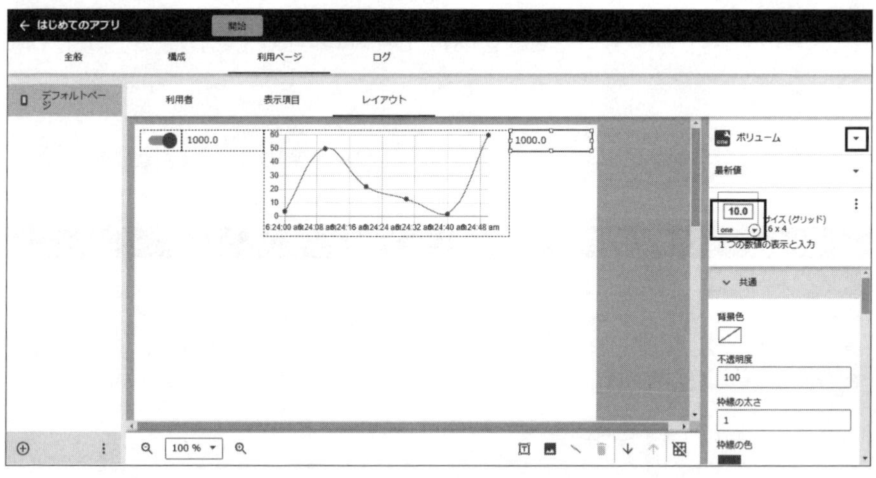

図4-49 表示部品の種類を変える

[2] 見栄えを変更する

すると、表示部品の一覧が表示されます。

どれを選んでもよいですが、今回は[無段階ボリューム(水平)]を選択しました(図4-50)。

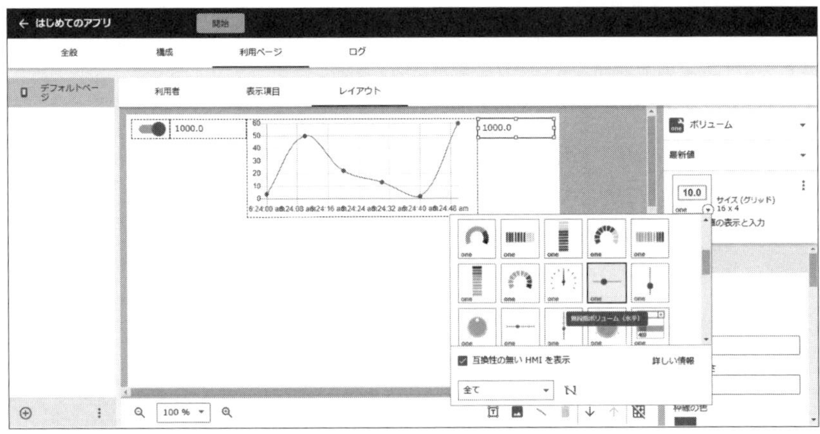

図4-50　[無段階ボリューム(水平)]を選択したところ

[3]大きさや位置を調整する

[無段階ボリューム(水平)]が出来たら、適宜移動したりサイズを調整したりして、レイアウトを調整します(図4-51)。

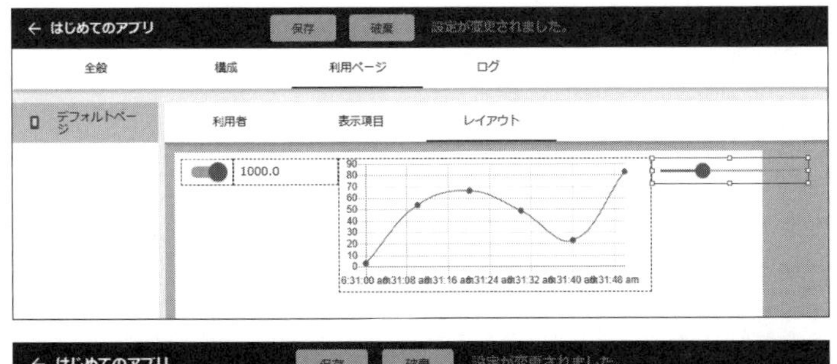

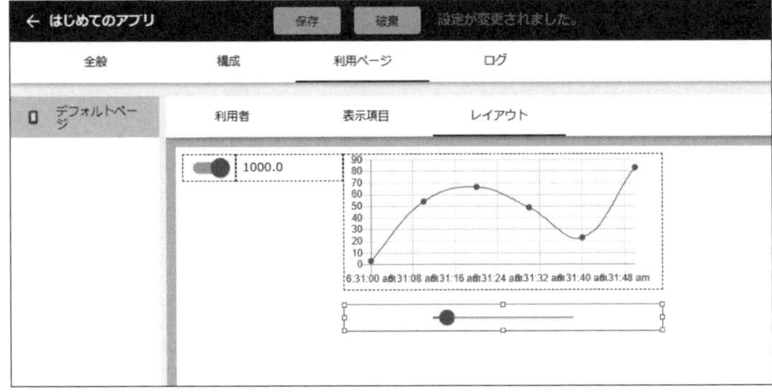

図4-51　大きさや位置を調整する

■波形を作っているコードを修正する

次に、波形を作っているコードを修正します。

ここまでの操作によって、「share_changed関数」が呼び出されるようになっているため、この関数を記述して設定された値を読み取り、生成する波形の大きさに反映させていきましょう。

手 順 ボリューム操作したとき、波形の大きさが変わるようにする

[1]「input_sense.py」を開く

[構成]タブを開き、左側から[波形データ]をクリックして選択します。

[コード]タブをクリックして、[input_sense.py]ファイルを開きます(図4-52)。

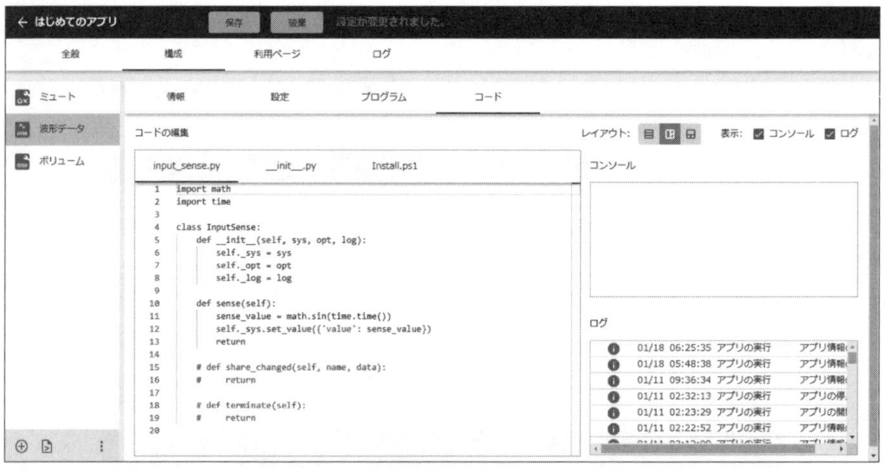

図4-52 input_sense.pyファイルを開く

[2]「share_changed」のコードを書く

この「input_sense.py」コードを、リスト4-6のように修正します(図4-53)。

編集したら[保存]をクリックします。

リスト4-6　ボリュームで波形データの大小が変わるようにした例

```
import math
import time

class InputSense:
    def __init__(self, sys, opt, log):
        self._sys = sys
        self._opt = opt
        self._log = log
        # 追加
        self._bairitsu = 50

    def sense(self):
        sense_value = self._bairitsu * math.sin(time.
time())
        self._sys.set_value({'value': sense_value})
        return

    def share_changed(self, name, data):
        self._bairitsu = data['value']
        return

    # def terminate(self):
    #     return
```

図4-53　input_sense.pyをリスト4-6のように修正して[保存]をクリックする

①__init__関数

このクラスでは、ユーザーが設定したボリューム値を「_bairitsu」という変数に設定することにしました。

すでに説明したように、ボリューム側では初期値を「50」にしているので、こちらも「50」に合わせておきます。

```
def __init__(self, sys, opt, log):
    self._sys = sys
    self._opt = opt
    self._log = log
    # 追加
    self._bairitsu = 50
```

②share_changed関数

ボリュームの構成要素で[アプリ内で最新値を共有する]を有効にしているので、値が変化しようとしているときには、「share_changed関数」が呼び出されます。

「share_change関数」の呼び出しでは、次のように、「_bairitsu」に設定しています。

```
def share_changed(self, name, data):
    self._bairitsu = data['value']
    return
```

③sense関数

「sense関数」は、波形を作る部分です。

ここで「ボリュームの構成要素から設定された値」、すなわち、「_bairitsu」をかけ算した結果になるように変更します。

```
def sense(self):
    sense_value = self._bairitsu * math.sin(time.time())
    self._sys.set_value({'value': sense_value})
    return
```

■動作確認する

動作を確認する前に、折れ線グラフの表示部品の「最小値」と「最大値」を、適宜、調整しておきます(たとえば、「-100～100」など)。

設定が済んだら、アプリを[開始]して、[利用ページ]から[デフォルトページ]を開いて動作確認します。

ボリュームを右に動かすと、波形の振幅が大きくなり、左に動かすと、小さくなることが分かるはずです(**図4-54**)。

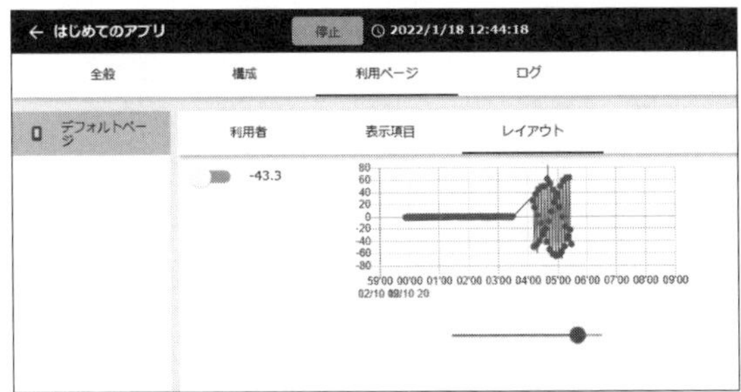

図4-54　ボリュームを調整すると波形の振幅が変わる

4-9 保存と配布

以上で、開発は完了です。

＊

最後に、開発物の「保存」と「配布」について説明しておきます。

■アプリの保存

開発したアプリは、「開発者モード」のときは、右上メニューの[ファイルに保存]で保存できます(**図4-55**)。

アプリは、拡張子「.appf」というファイルとして、ダウンロードできます。

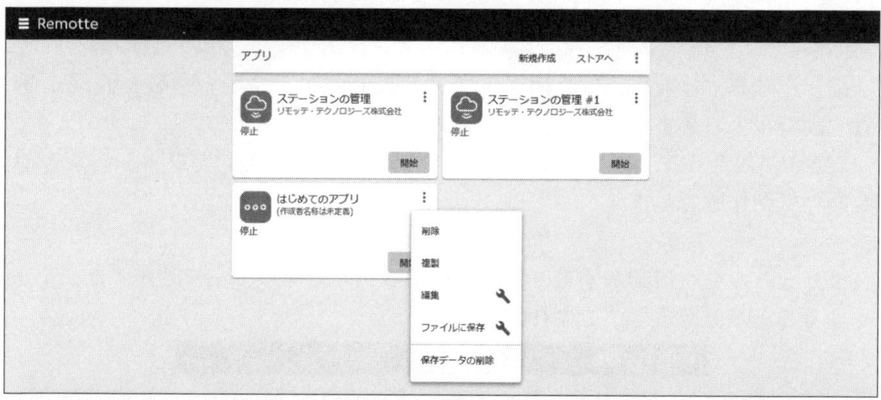

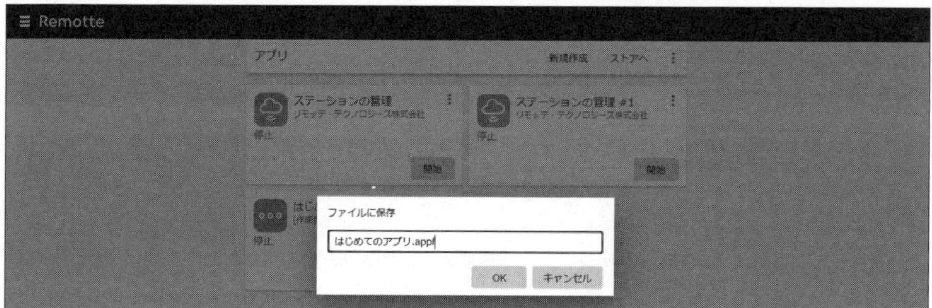

図4-55　アプリを保存する

■アプリの読み込み

作ったファイルは、アプリの右上のメニューの[ファイルから読み込み]を選ぶと追加できます(図4-56)。

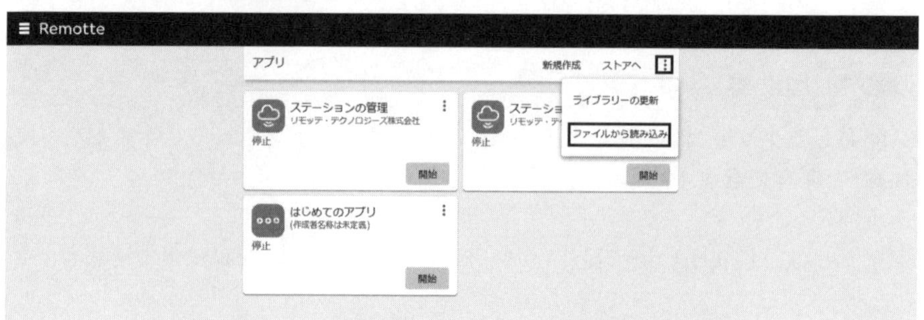

図4-56　開発したアプリは[ファイルから読み込み]で追加する

4-10 まとめ

この章では、「Remotteアプリ開発」の基本を説明しました。

- 「Remotteアプリ」は「表示部品」と「構成要素」で構成されます。
- 構成要素のプログラムがライブラリを必要とするときなどは、そのインストールコマンドを、「Install.ps1」というPowerShellスクリプトに記載します。
- 「構成要素」は「センス」「制御」「入出力」の3種類があります。
- どの構成要素でも「__init__関数」を実装し、そこに初期化のコードを書きます。とくに、引数「sys」で渡されるシステムオブジェクトは、以降の処理に必要なので、変数に保存しておきます。
- 「センス」はユーザーに表示するために使います。
  定期的に「sense関数」が呼び出されるように設定しておき、Remotte側に最新値を伝える処理となる「set_value関数」の呼び出しを、そこに書きます。
- 「制御」はユーザーからの入力を受け取るために使います。
  「値」が変更されようとしたときには「control関数」が呼び出されるので、そこで処理します。
  このとき、Remotte側の最新値を更新するため、「set_value関数」の呼び出しを忘れないようにします。
- 「入出力」は、「センス」と「制御」の複合です。
- 別の構成要素に自分がもつ最新値を伝えたいときは、[アプリ内で最新値を共有する]にチェックを付けます。
  すると、その構成要素の「set_value関数」を呼び出したとき、別の構成要素の「share_changed関数」が呼び出されるようになります。

＊

残るは、実際のデバイスを制御するような応用です。

次章から、Remotteで、いくつかのデバイスを制御する例を見ていきましょう。

第5章

PC直結のデバイスを制御する（TWELITE編）

この章からは、実際にデバイスを制御して、実用的な「Remotteアプリ」を作っていきます。

第5章では、「Remotteステーション」をインストールしたPCに直結されているデバイスを制御する方法を説明します。

5-1 この章で作るアプリの例

この章では、題材として、モノワイヤレス社の「TWELITE（トワイライト）」という無線デバイスを扱います。

このデバイスは、主要な電子パーツの店で販売されています。

【TWELITEシリーズ　販売店】

https://mono-wireless.com/jp/retail/index.html

「TWELITE」は、さまざまなシリーズ製品です。

PCに「MONOSTICK」というUSBメモリぐらいの大きさの装置を取り付けると、無線でTWELITEシリーズの機器と通信できます(図5-1)。

TWELITEシリーズ機器には、「温度・湿度センサ」「傾きセンサ」「磁気スイッチ」などがあり、こうしたセンサの情報をPCで取得できます。

[メモ]

ここで言う「無線」とは、「無線LAN」ではなく、2.4GHz帯を利用した「IEEE802.15.4」という規格です。

見通しが良ければ、「1km」程度まで届きます。

[メモ]

TWELITEには、標準出力の「BLUE版」と、高出力の「RED版」と言う、電波強度が異なる2モデルが提供されています。

本書では、このシリーズ製品のうち、「TWELITE ARIA(アリア)」という製品を扱います。

「TWELITE ARIA」は、①「温度センサ」、②「湿度センサ」、③「磁気センサ」、が搭載された3cm角の小さなパッケージ製品です。

コイン型電池(CR2032)で、1年程度(送信間隔を長くすれば、3〜4年程度)、電池交換なしで使えます(図5-2)。

*

「磁気センサ」は、磁石があるかどうかを判定するものです。

たとえば、「磁石をドアの縁」「TWELITE ARIAをドア」に、それぞれ取り付け、ドアの開け閉めによって、磁石がTWELITE ARIAに近づいたり遠ざかったりする状態を作ることで、「ドアの開閉を調べる」といった用途に使います。

*

この章では、MONOSTICKとTWELITE ARIAを用意し、無線で離れたところの「温度・湿度・磁気センサの値」を表示する「Remotteアプリ」を作ります(図5-3、図5-4)。

[メモ]

本書はTWELITEの使い方を解説するのが目的ではないので、TWELITEについては最小限しか説明しません。

より詳しくは、拙著「TWELITEではじめるカンタン電子工作」「TWELITEではじめるセンサ電子工作」「TWELITE PALではじめるクラウド電子工作」などを参照してください。

図5-1　MONOSTICK

図5-2　TWELITE ARIA

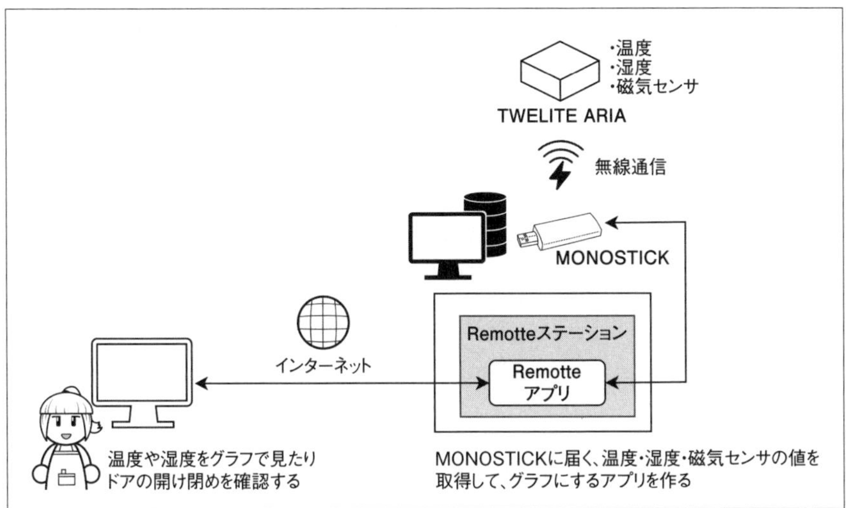

図5-3　この章で作るシステムの構成

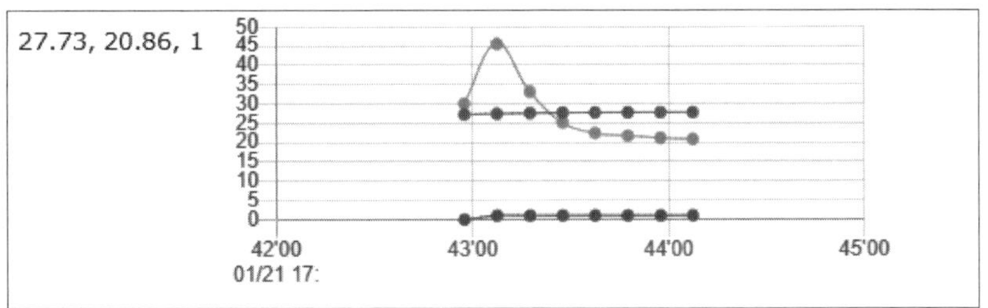

図5-4　この章で作るアプリ

[メモ]

TWELITE ARIAは「ID番号」を付けて管理できます。

標準では「100個」まで識別でき、アプリを作り込むことで、それ以上も可能です。

「ID番号」は、TWELITE ARIAを「インタラクティブモード」と呼ばれるモードに切り替えて設定しますが、本書では説明しません。

本書では、「ID」を区別せずに扱います。

そのため、複数のTWELITE ARIAが存在するとき、それらの「温度」「湿度」「磁気」のデータは、混じって表示されますが、ID番号を区別するようなプログラムを作れば、それぞれ別のグラフを表示するようにすることも可能です。

5-2 アプリを作る前の準備

アプリを作る前に、図5-3に示したTWELITEの構成の最小限のセットアップと疎通確認をしておきます。

[メモ]

本書は、「Remotteアプリ」の開発が目的です。

以下のMONOSTICK・TWELITEの解説は、動かすための最低限の情報しか示していません。

より詳しくは、モノワイヤレス社のWebサイト(https://mono-wireless.com/)を参照してください。

■「MONOSTICKアプリ」の最新化

MONOSTICKやTWELITEシリーズは、内蔵ROMのプログラムを書き換えることによって、さまざまな動作ができるようになっています。

MONOSTICKは、出荷時期によってはTWELITE ARIAに対応していないことがあるため、まずは、「MONOSTICKアプリ」を最新にアップデートします。

アップデートには、「TWELITE STAGE」というアプリを使います。

このアプリは、TWELITEの開発キットである「TWELITE STAGE SDK」に含まれています。

TWELITE STAGE SDKのページにダウンロードリンクがあるので、ダウンロードしてインストールします(図5-5)。

【TWELITE STAGE SDK】

https://mono-wireless.com/jp/products/stage/

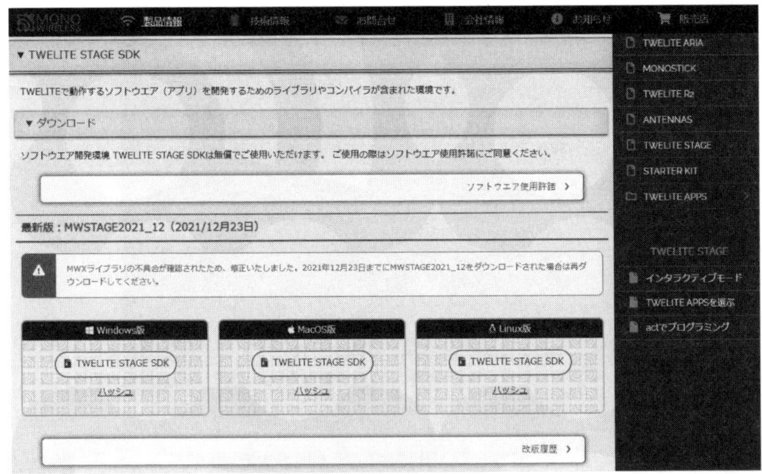

図5-5　TWELITE STAGE SDKのダウンロード

TWELITE STAGEをダウンロードしたら、次の手順で、MONOSTICKのプログラムを書き換えます。

手　順　MONOSTICKのプログラムを書き換える

[1] MONOSTICKをパソコンのUSBポートに接続する

MONOSTICKを、パソコンのUSBポートに接続します。

[2] TWELITE STAGEを起動する

ダウンロードしておいた「TWELITE STAGEアプリ」を起動します。

[3] MONOSTICKを選択する

起動すると小さなUI画面が表示されます。

カーソルキーの上下で移動、[Enter]キーで決定というインターフェースです。

まずは、書き込み対象のMONOSTICKを選択し、[Enter]キーを押します（図5-6）。

図5-6 MONOSTICKを選択する

[4] アプリ書換を選択する

メインメニューが表示されたら、[アプリ書換]を選択します(図5-7)。

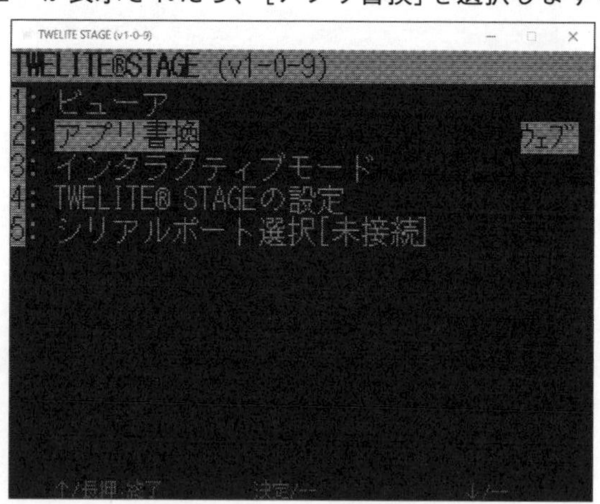

図5-7 [アプリ書換]を選択する

[5] BINから選択する

アプリの種類を選びます。

最新のアプリはTWELITE STAGE SDKに含まれているので、[BINから選択]を選択します(図5-8)。

図5-8　BINから選択する

[6] MONOSTICKの最新アプリを選択する

SDKのBINフォルダに含まれているアプリが表示されます。

MONOSTICKの最新アプリは「子機用」と「親機・中継器用」があり、今回使うのは「親機・中継器用」です。

2ページ目にある「App_Wings_MONOSTICK_RED_XXXX」、または「App_Wings_MONOSTICK_BLUE_XXXX」が、それに当たります。

「RED」と「BLUE」は、接続しているMONOSTICKの種類(「標準版」か「高出力版」)です。

図5-9では「RED」と表示されていますが、これは、「RED (高出力) 版」のMONOSTICKを接続している状況だからです。

「BLUE版」であれば、「RED」と書かれているところが、すべて「BLUE」と表示されるはずです。

この「親機・中継器用」のアプリを選択し、[Enter]キーを押します。

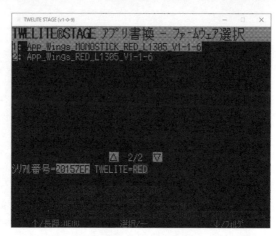

図5-9 親機・中継器用アプリ(App_Wings)を選択する

[7]書き込みの完了

書き込みが始まり、しばらく待つと完了します(図5-10)。

完了したら、[ESC]キーを何度か押して、メインメニューに戻るか、いったん、終了してください。

[メモ]

そのまま[Enter]キーを押すと、設定変更できる「インタラクティブモード」と呼ばれる設定画面に遷移します。

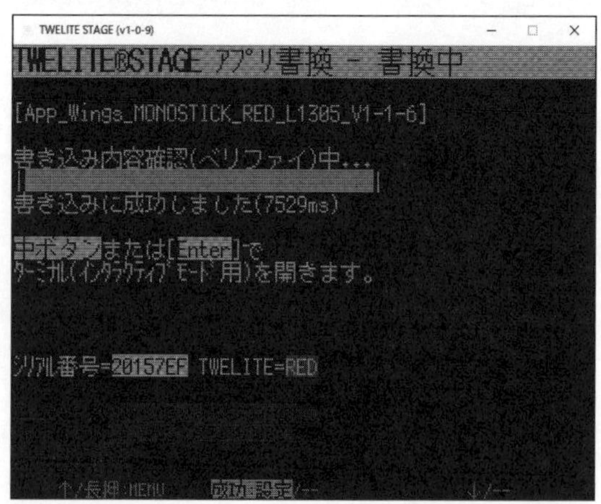

図5-10 アプリの書き込みが完了した

■動作テストする

これで準備が整ったので、動作テストをします。

TWELITE STAGEには、接続されているTWELITEシリーズの電波を受信して、それを画面表示する機能があるので、その機能を使います。

手 順　動作テストする

[1] ビューアを起動する

TWELITE STAGEのメニューで、[ビューア]を選択します(**図5-11**)。

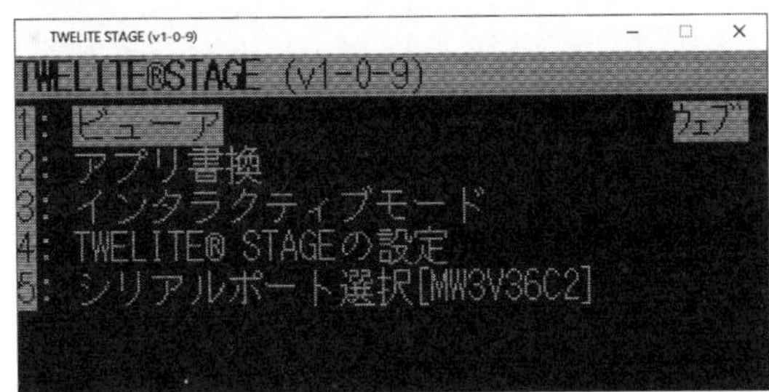

図5-11　ビューアを選択する

[2] CUE/ARIAビューアを起動する

内蔵されているビューアー一覧が表示されます。

[CUE/ARIAビューア]を選択します(**図5-12**)。

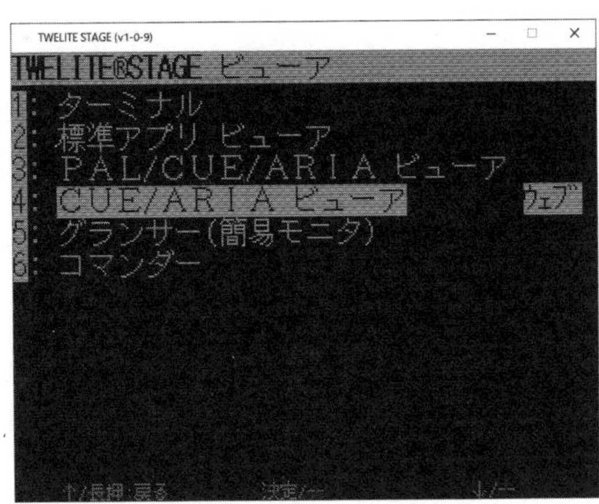

図5-12　CUE/ARIAビューアを選択する

[3] ビューアに進む

確認画面が表示されるので、[Enter]キーを押して、次に進みます。

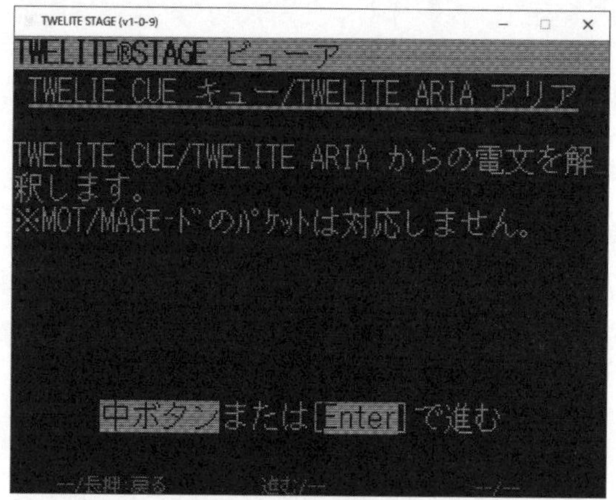

図5-13 ビューアに進む

[4] TWELITE ARIAに電池を挿入する

TWELITE ARIAにコイン型の電池を挿入します。

すると、「温度・湿度・磁気センサ」の情報を電波で送信しはじめます。

ビューアには、その状態が刻々と表示されます。

ビューアは、[TWELITE CUE] [TWELITE ARIA] [解説]の3つのタブがあるので[TWELITE ARIA]をクリックして切り替えます。

すると、「温度・湿度・磁気センサ」の値のほか、「電池電圧」や「電波強度」などが表示されます(図5-14)。

磁気センサは、磁石の「N」と「S」のどちらに付いているかを確認できます。

この事象は、たとえば「引き戸」に取り付けて、「N」→「S」に変化するか、「S」→「N」に変化するかを判定することで、引き戸が、どちらの方向に移動したのかの判定材料として使えます。

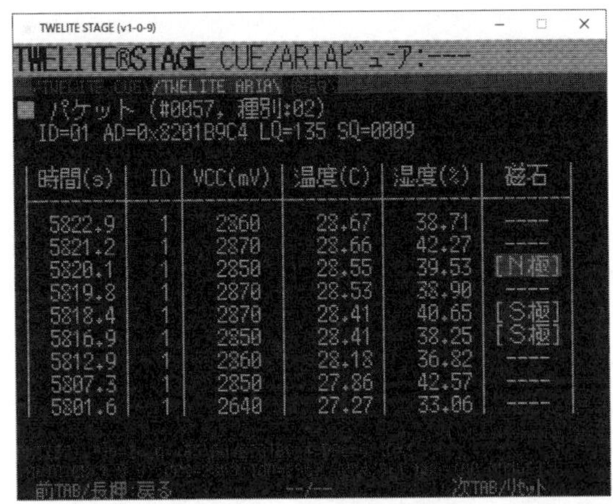

図5-14　TWELITE ARIAの動作を確認したところ

[メモ]

工場出荷時は、5秒ごとに、このデータを送信します。

電波が送信されるタイミングで、TWELITE ARIAに搭載されている小さなLEDが一瞬光ります。

うまく表示されないときは、LEDが一瞬点灯するかを確認するとよいでしょう。

■Pythonの「サンプル・ライブラリ」の入手

モノワイヤレス社は、PythonのプログラムでTWELITEシリーズを扱うためのサンプルおよびライブラリを「パルスクリプト」として公開しています。

Pythonでプログラムするときには、これを使います。

下記のページから、ソースコードをダウンロードしておいてください(図5-15)。

※本書では、バージョン1.2で動作確認をとっています。

【パルスクリプト】

https://github.com/monowireless/PAL_Script

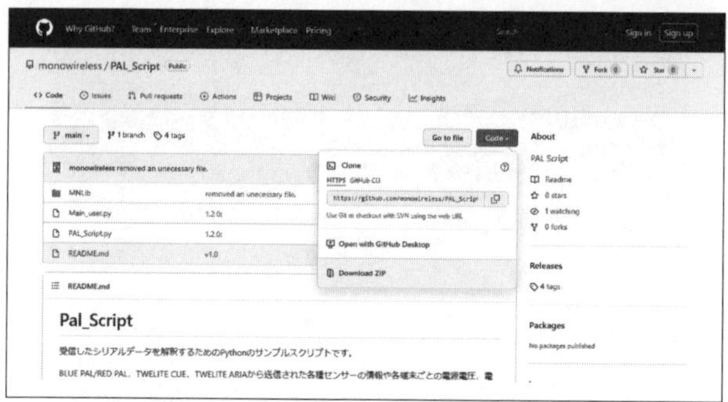

図5-15　パルスクリプトのダウンロード

5-3 「Remotteアプリ」の新規作成

ここまでの動作を踏まえて、いま表示して確認した「温度・湿度・磁気センサ」のそれぞれの値を、Remotteでグラフ表示するプログラムを作ります。

まずは、Remotteアプリを作ります。

これは「**4-3　空のアプリを作る**」と同じ流れなので、操作の一部を省略して示します。

手　順　Remotteアプリを作る

[1] アプリを新規作成する

「Remotte管理ツール」を開き、「開発者モード」に切り替えます。

[アプリ]の右上のメニューから[新規作成]をクリックして、新しいアプリを作ります(図5-16)。

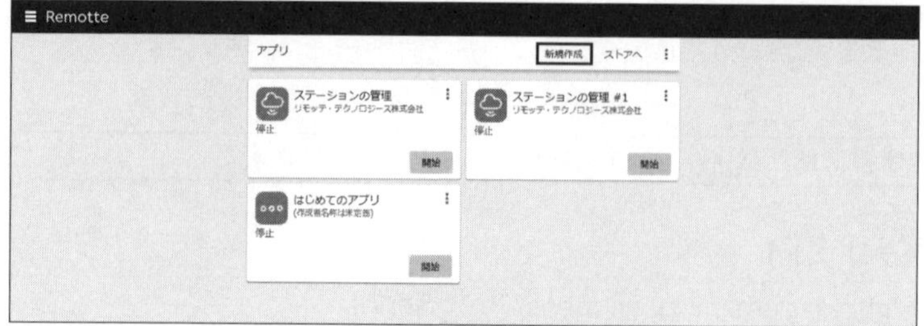

図5-16　Remotteアプリの新規作成

[2]アプリ名とカテゴリーを設定する

アプリ名とカテゴリーを設定します。

どのようなものでもかまいませんが、仮で、アプリ名は「TWELITEサンプル」、カテゴリーは「計測・分析」にしておきます(図5-17)。

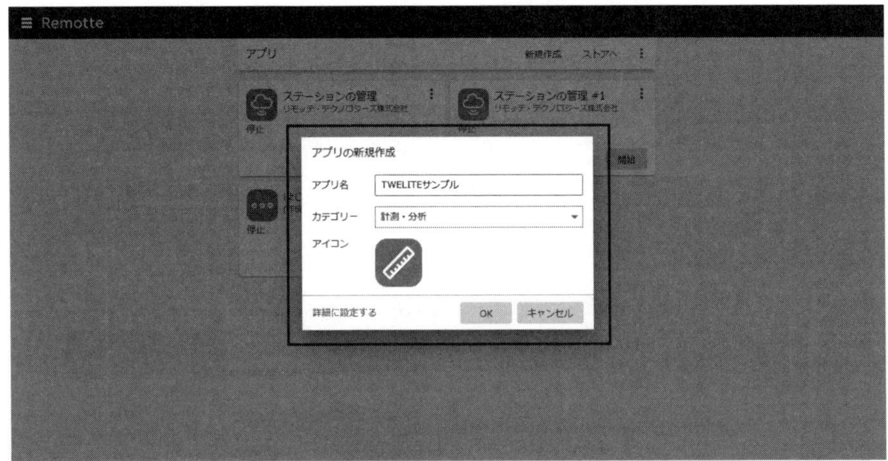

図5-17 アプリ名とカテゴリーを設定する

[3]アプリが作られた

アプリが作られたので、クリックして、編集をはじめます(図5-18)。

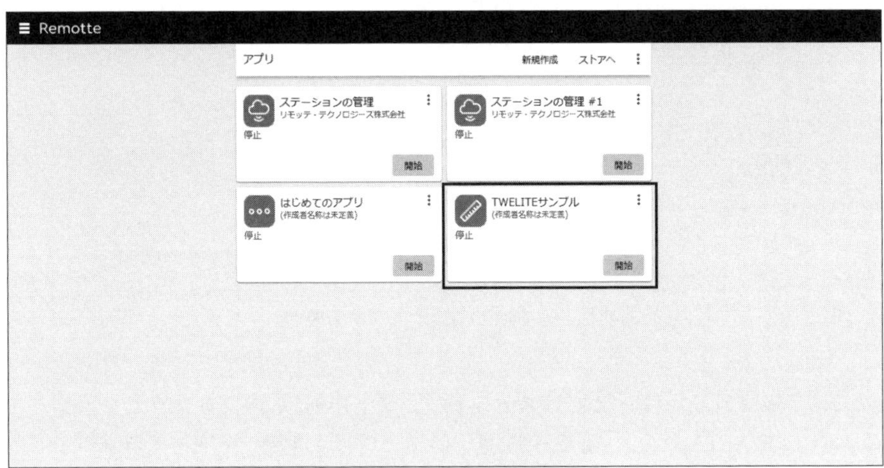

図5-18 アプリが作られた

5-4 温度・湿度・磁気センサの値をグラフで表示する

では、「TWELITE ARIA」から、「温度・湿度・磁気センサ」の情報を読み込んで、それをRemotteで表示する「Remotteアプリ」を作っていきましょう。

■TWELITE ARIAの情報取得

先ほど**「5-2 アプリを作る前の準備」**で説明したように、TWELITE ARIAの情報を取得するには、「パルアプリ」というサンプルおよびライブラリを使うのが簡単です。

パルアプリをダウンロードして展開すると分かりますが、ここに「MNLib」というライブラリが含まれています**(図5-19)**。

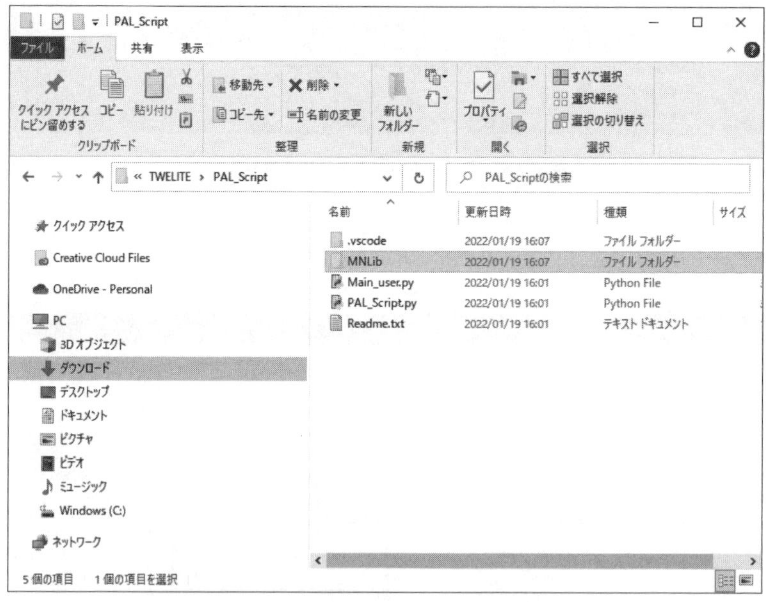

図5-19 TWELITEのパルアプリの内容

このライブラリを使って、**リスト5-1**のようなPythonのプログラムを書くと、TWELITE ARIAから、「温度・湿度・磁気センサの状態」を取得できます。

リスト5-1　TWELITE ARIAから情報を参照するサンプル

```
# ①ライブラリの読み込み
import sys
sys.path.append('./MNLib/')
from apppal import AppPAL

# ②PALオブジェクトの作成
port = 'COM6'
PAL = AppPAL(port = port)

# ③データが届くまで待つ
while not PAL.ReadSensorData():
  pass

# ④届いたら値を取得
data = PAL.GetDataDict()
print(data['Temperature'])
print(data['Humidity'])
hallic = data['HALLIC'] & 0x7f
if hallic == 0:
  print('Open')
elif hallic == 1:
  print('N')
elif hallic == 2:
  print('S')

# ⑤オブジェクトの破棄
del PAL
```

このサンプルのようなプログラムを、以降、「Remotteの構成要素のプログラム」として組み込んでいきますが、いくつかポイントがあります。

①ライブラリのインポート

MONOSTICKに届いた電波のデータを取り出す際には、「MNLibフォルダ」に含まれているライブラリを使います。

後でRemotteプログラムとして組み込むときは、このフォルダ一式を構成要素のプログラムとして追加する必要があります。

```
import sys
sys.path.append('./MNLib/')
from apppal import AppPAL
```

ここでは明示されていませんが、「MNLibフォルダ」に含まれているライブラリでは、「pySerial」と呼ばれるライブラリが必要です。

あらかじめインストールしておく必要があります。

```
pip install pyserial
```

②PALオブジェクトの作成とライブラリ

MONOSTICKは、PCの「COMポート」として見えていて、操作するには、そのCOMポート番号を指定しなければなりません。

たとえば、次のコードは、「COM6」を指定する例です。

```
port = 'COM6'
PAL = AppPAL(port = port)
```

COMポートの番号は、環境によって異なります。

TWELITE STAGEの起動時に、MONOSTICKを選択する画面で、選択後に([Enter]キーではなく)[C]キーを押すと、画面下にCOMポート番号が表示されます(図5-20)。

この番号を指定します。

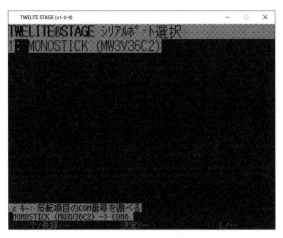

図5-20　COMポートを確認したところ

③データの取得

データを取得するには、まず、データが届くまで待ちます。

```
while not PAL.ReadSensorData():
  pass
```

そしてデータを取得します。

```
data = PAL.GetDataDict()
```

「温度」と「湿度」は、それぞれ、こうして取得したdataの「Temperatureキー」「Humidityキー」に含まれています。

```
print(data['Temperature'])
print(data['Humidity'])
```

「磁気センサ」の値は、HALLICキーに含まれていますが、これと「0x7f」との論理積をとり、その値が「0」(磁石が近くにない)、「1」(N極が近い)、「2」(S極が近い)で判断します。

```
hallic = data['HALLIC'] & 0x7f
if hallic == 0:
  print('Open')
elif hallic == 1:
  print('N')
elif hallic == 2:
  print('S')
```

④終了処理

処理が終わったら、次のようにPALオブジェクトを開放します。

```
del PAL
```

■構成要素を作る

これらのプログラムを踏まえて、「Remotteアプリ」の構成要素を作っていきます。

＊

まずは、構成要素自体を作ります。

ここでは「温度」と「湿度」、「磁気」の3値を扱いたいので、「一般的な3値センス」として作ります。

手　順　温度・湿度・磁気を表現する「一般的な3値センス」を作る

[1] 構成要素を新規作成する

作成した「Remotteアプリ」を開き、[構成]タブをクリックします。

左下の[+]ボタンをクリックし、[新規作成]を選択します(図5-21)。

図5-21　構成要素を新規作成する

[2]「一般的な3値センス」を作る

[カテゴリー]で[3つの数値]を選択します。

そして、[入出力タイプ]で、[一般的な3値センス]を選択します。

[構成要素の種類]は、[自作物]とします。

そして[構成要素名]には、「温度・湿度・磁気」と名付けておきます(図5-22)。

図5-22　一般的な3値センスを作る

■ライブラリのファイルを追加する

次に、「ライブラリ」として使うファイルを追加します。

Remotteでは、フォルダとして追加することはできないので、ZIPファイルとしてアーカイブして、それを追加します。

手順　ライブラリのファイルを追加する

[1] ライブラリをZIPアーカイブする

今回は、TWELITEのサンプルに付属している「MNLib」を使います。

これをZIP形式のファイルにまとめます。

ファイル名は「MNLib.zip」としました(図5-23)。

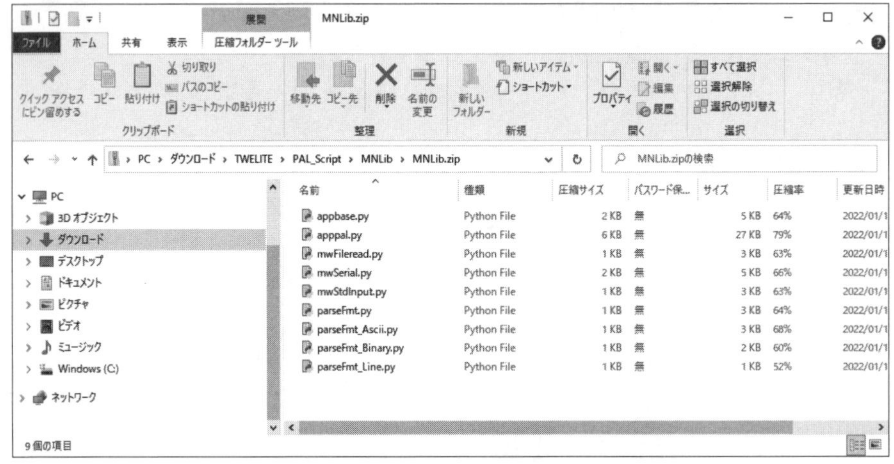

図5-23　MNLib.zipとしてまとめる

[2] ファイルを追加する

構成要素の［プログラム］タブの右上の［...］をクリックし、［既存のファイルを追加］を選択します(図5-24)。

そして、図5-23で用意した「MNLib.zip」を追加します(図5-25)。

図5-24　既存のファイルを追加する

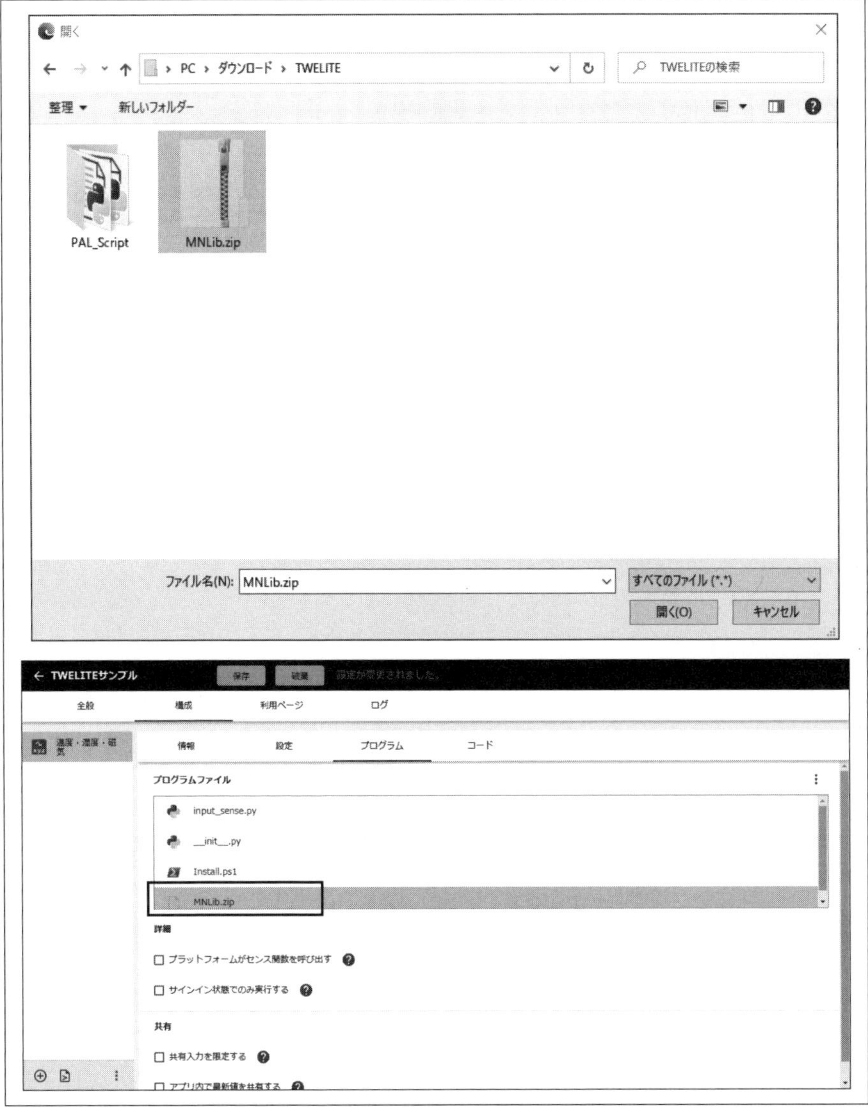

図5-25　ライブラリをZIP形式で用意したものを追加する

■必要なライブラリの追加

「■TWELITE ARIAの情報取得」で説明したように、TWELITEのライブラリでは、「pySerial」というライブラリを用いています。

これをインストールするため、「Install.ps1」ファイルを開き、次のように、「pySerial」をインストールするためのコマンドを記述します(図5-26)。

```
pip install pyserial
```

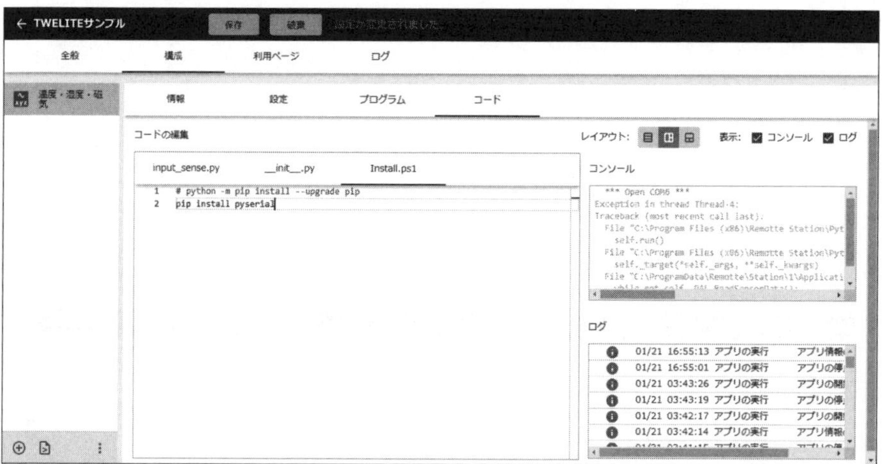

図5-26 「pySerial」をインストールするためのコマンドを「Install.ps1」ファイルに記述する。

記述したら、[保存]ボタンをクリックして保存し、左下から[インストールスクリプトの実行]を選択して、この時点で実行してインストールしてしまいましょう(図5-27)。

図5-27　左下から選択して実行する

■Remotteアプリのオプションを構成する

次に、MONOSTICKが接続されている「COMポート」を、「Remotteアプリ」のオプションとして設定できるように、項目を追加します。

手順　オプション設定する

[1]オプション設定を開く

[構成]タブの下の[設定]タブにある[オプション]の右の[スパナのアイコン]をクリックして開きます(**図5-28**)。

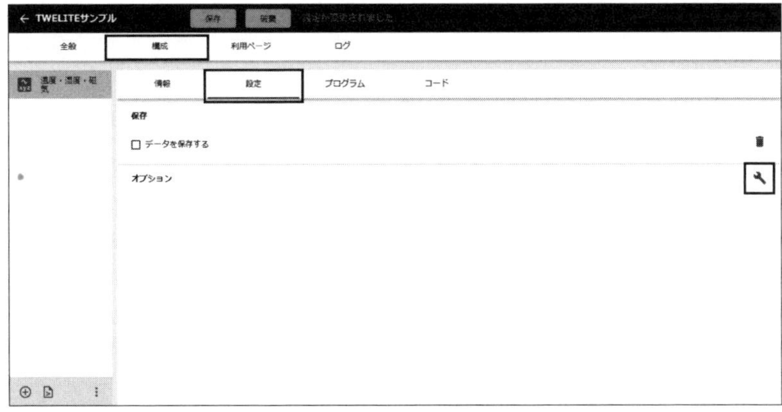

図5-28　オプションを開く

[2] オプションを追加する

「オプションの定義」画面が表示されます。

左下の[+]ボタンをクリックして、オプションを追加します(図5-29)。

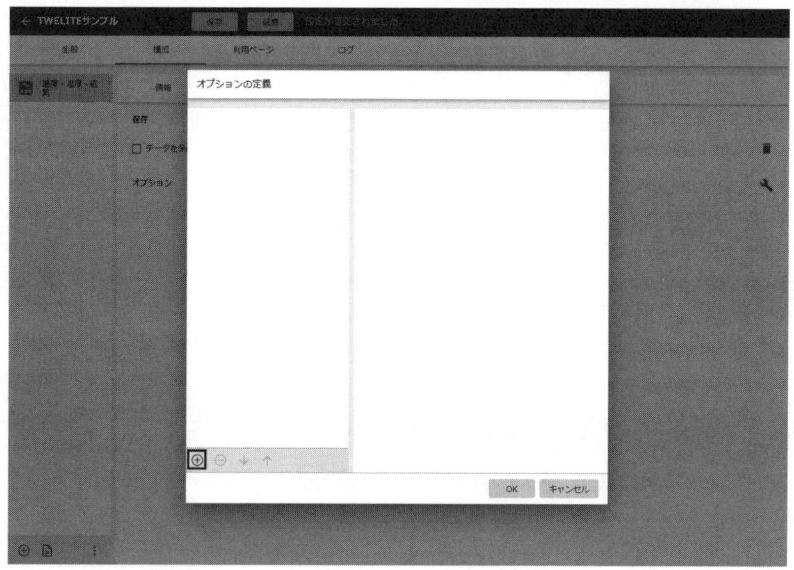

図5-29 オプションを追加する

[3] オプションを設定する

「オプション画面」が表示されるので、次のように設定し、[OK]ボタンをクリックします(図5-30)。

下記では、変数名として「comport」という名前を付けました。

そのため、プログラムからは、「__init__関数」の「opt引数」で渡された辞書を通じて「opt['comport']」を参照すると、「設定された値」(後述の図5-31で設定した値)を得ることができます。

・**変数名**

変数の名前で、「opt引数」から参照する際のキー名です。

ここでは、「comport」としました。

・**表示名**

設定画面に表示されるラベル(見出し)です。

ここでは、「COMポート」としました。

・**種類**

変数の種類です。

ここでは、「文字列」を指定します(数値を指定したときは、最大値や最小値を指定できます)。

・**デフォルト値**

「ユーザーが何も設定しないときの値」を設定できます。

ここでは、「COM3」としておきます。

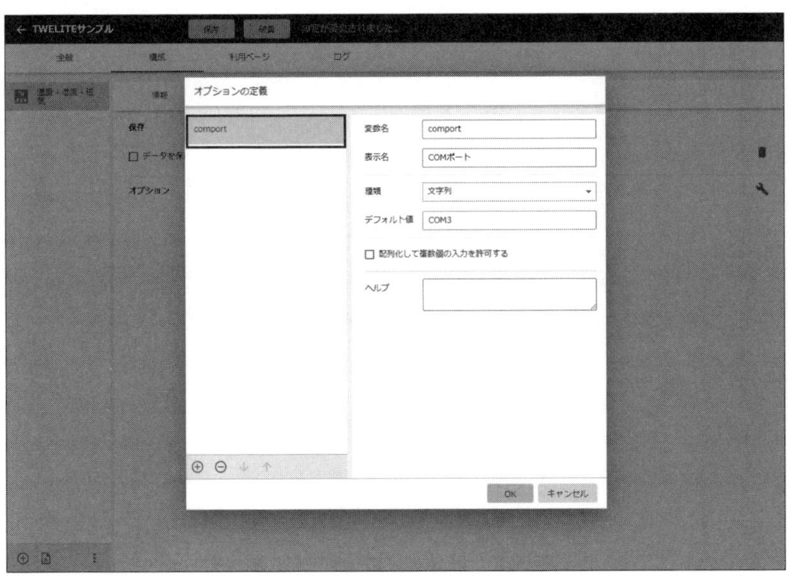

図5-30 「comport」というオプションを定義する

[4] オプションの値を設定する

すると、図5-31のように「COMポート」というオプションを設定できる欄が追加されました。

ここに、MONOSTICKを接続したポート番号(前掲の図5-20で確認したポート番号)、たとえば「COM6」などを入力します(図5-31)。

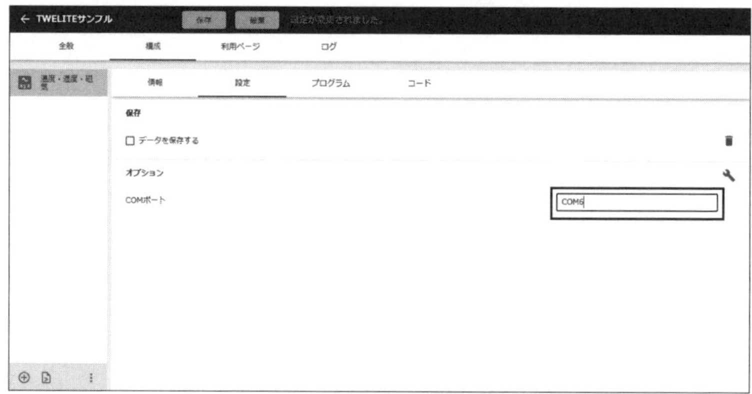

図5-31 オプション値を設定する

[メモ]

オプションの設定が、図5-30に示した「定義」と、図5-31に示した「値の設定」とに分かれているのは、操作できるユーザーが違うためです。

図5-30は開発者のみ操作できるのに対して、図5-31は開発者でなくても管理者なら操作できます。

ここでは、開発者が操作しているので分かりにくいですが、「開発者がオプションの項目を作る」(図5-30)、「管理者が、その値を設定する」(図5-31)という使い分けです。

「管理者」でアクセスしたときは、オプションを編集するための[スパナのアイコン]は、そもそも表示されません。

■構成要素のオプション設定

プログラムを書く前に、構成要素で必要な2つの設定をしておきます

①データの保存

「温度」「湿度」「磁気」のデータを残すために、[設定]タブにある[データを保存する]にチェックを付けておきます(**図5-32**)。

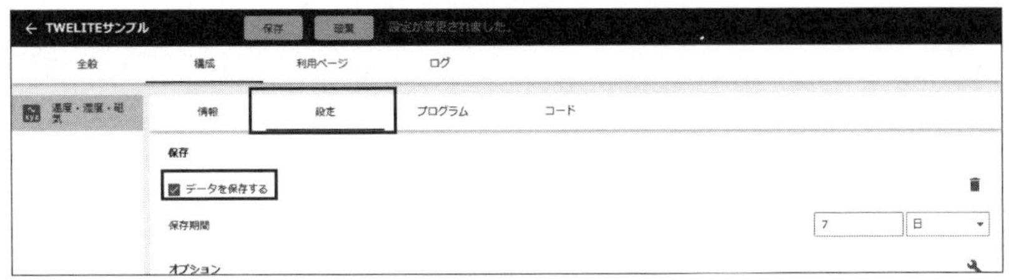

図5-32　データを保存する

②「sense関数」の呼び出しを有効にする

定期的に「sense関数」が呼び出されるようにするため、[プログラム]タブにある[プラットフォームがセンス関数を呼び出す]のチェックをオンにします。

何秒間隔でもよいですが、ここでは「10秒」にしておきます(**図5-33**)。

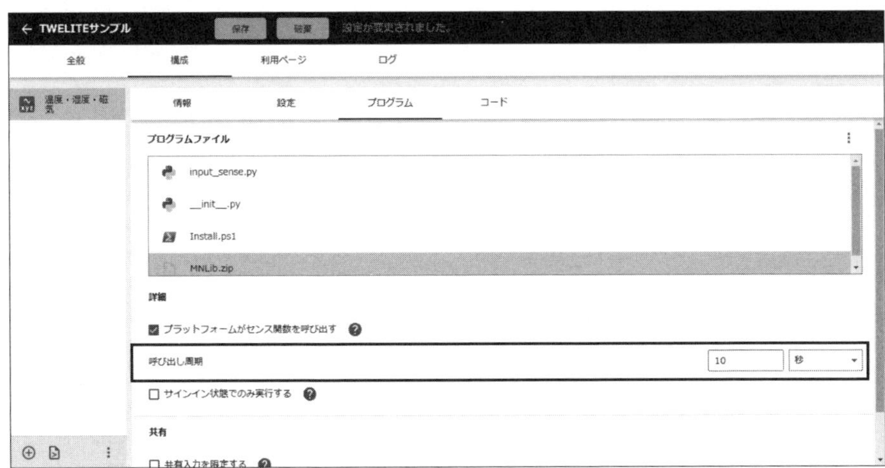

図5-33　センス関数の呼び出しを有効にする

■温度と湿度、磁気の値を返すプログラムを書く

これで準備ができたので、「温度」と「湿度」、「磁気」の値を返すプログラムを書いていきます。

［コード］タブに切り替えて、［input_sense.py］のタブにあるコードを記述します。

ここでは**リスト5-2**に示すコード記述します(**図5-34**)。

図5-34　リスト5-2を入力する

リスト5-2　「温度」「湿度」「磁気」を取得するコード

```
import sys
sys.path.append('MNLib.zip')
from apppal import AppPAL

class InputSense:
    def __init__(self, sys, opt, log):
        self._sys = sys
        self._opt = opt
        self._log = log
```

```
        # PALオブジェクト作成
        port = self._opt['comport']
        self._PAL = AppPAL(port = port)

    def sense(self):
        # データが届くまで待つ
        while not self._PAL.ReadSensorData():
         pass

        # 届いた値を取得
        data = self._PAL.GetDataDict()

        # 「最新値」として設定
        self._sys.set_value({'value':
            [
                data['Temperature'],
                data['Humidity'],
                data['HALLIC'] & 0x7f
            ]
        })

        return

    # def share_changed(self, name, data):
    #     return

    def terminate(self):
        del self._PAL
        return
```

プログラムでは、次の処理をしています。

①ライブラリのインポート

ライブラリは、「MNLib.zip」として構成要素に含めました。
こうしたライブラリは、次のようにしてインポートできます。

```
import sys
sys.path.append('MNLib.zip')
from apppal import AppPAL
```

②PALオブジェクトの作成

構成要素が起動するときに呼び出される「__init__」関数において、次のようにして、MONOSTICKを操るためのPALオブジェクトを取得しています。

ポート番号は、オプションとして設定した値(**図5-31**で入力した値)が使われるようにしました。

```
# PALオブジェクト作成
port = self._opt['comport']
self._PAL = AppPAL(port = port)
```

③センサの値の読み取りとRemotteへのデータ設定

定期的に呼び出される「sense関数」では、まず、センサの値を読み取ります。

```
# データが届くまで待つ
while not self._PAL.ReadSensorData():
  pass

# 届いた値を取得
data = self._PAL.GetDataDict()
```

そして、これを「最新値」として設定します。
値を先頭から、「温度・湿度・磁気センサの状態」としました。

磁気センサの値は、それぞれ「0」(磁石が近くにない)、「1」(N極が近い)、「2」(S極が近い)です。

```
self._sys.set_value({'value':
    [
        data['Temperature'],
        data['Humidity'],
        data['HALLIC'] & 0x7f
    ]
})
```

④終了処理

アプリを停止したときに呼び出される「terminate関数」の処理内で、作成した「PALオブジェクト」を開放します。

```
def terminate(self):
    del self._PAL
    return
```

■UIを調整する

これでプログラムは完成したので、次に利用ページを作っていきます。

●表示項目の確認

[利用ページ]の[デフォルトページ]に、「温度・湿度・磁気センサ」の状態が、それぞれグラフとして表示されるようにしてみます。

[表示項目]を確認すると、[最新値]と[履歴]があります(**図5-35**)。

両方にチェックが付いているはずですが、なければ付けます。

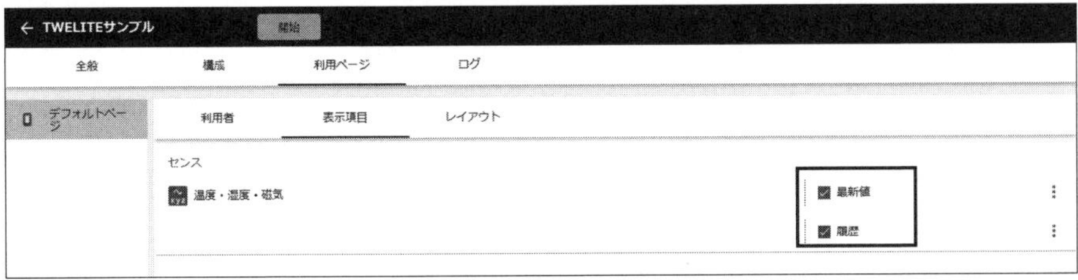

図5-35　表示項目を確認する

●レイアウトを確認・調整する

[レイアウト]タブに切り替えると、「最新値」を表示するラベルと、「履歴」を表示する表形式の表示部品が配置されていることが分かります(図5-36)。

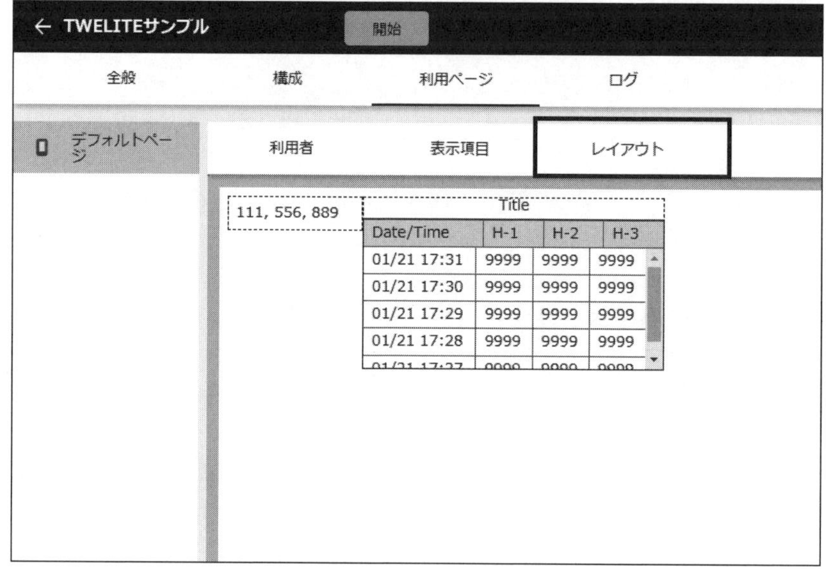

図5-36 レイアウトを確認したところ

この一覧表の部分を、グラフに変更します。

グラフに変更するには、この一覧表をクリックして選択状態にしておき、右側の[▼]ボタンをクリックして、グラフの表示部品に切り替えます。

ここでは、「折れ線グラフ」を選択してみました(図5-37)。

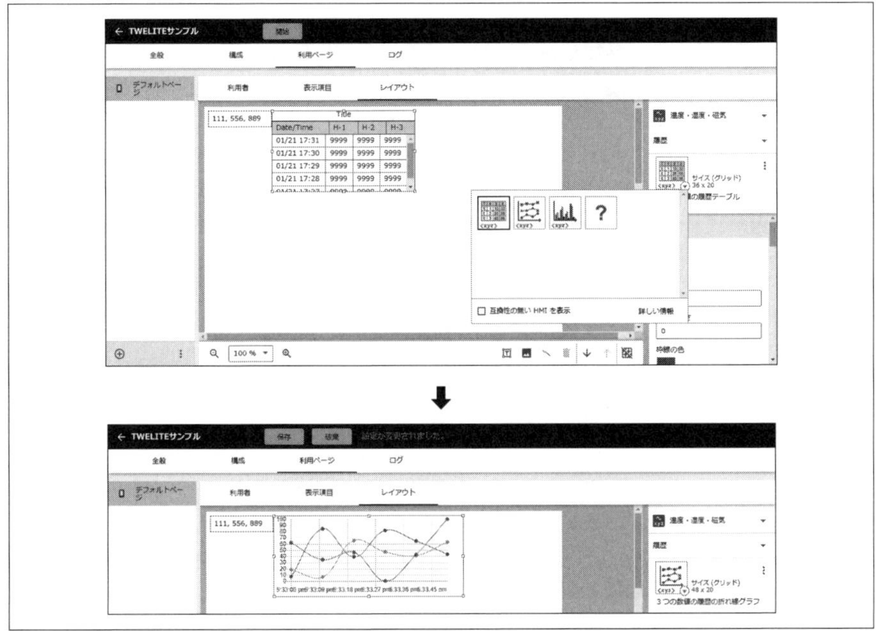

図5-37　折れ線グラフに変更する

もう1つ変更しておきましょう。

最新値を表示する表示部品は、デフォルトでは小数点以下は表示されません。

そこで、右側の「個別オプション」のところで、「小数点以下の桁数1」「小数点以下の桁数2」を、それぞれ「2」に変更します。

そうすると、小数点以下2桁まで表示されるようになります(図5-38)。

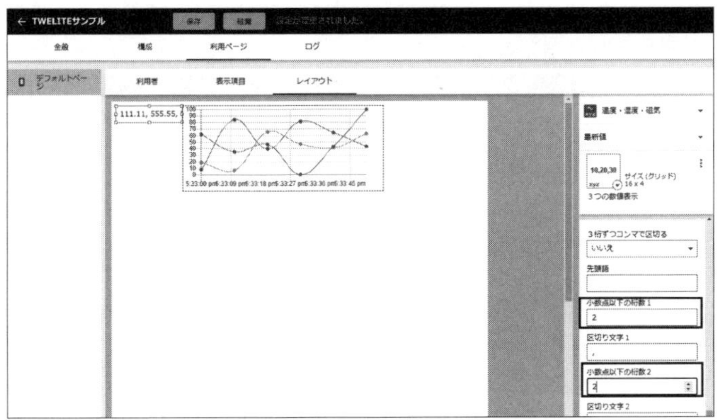

図5-38　小数点以下の表示を設定する

[メモ]

ここでは、表示桁数しか調整していませんが、他にも、「文字の大きさや色」を指定したり、「数値の前もしくは後ろに特定の文字列を付ける」(たとえば、「○個」のような表現にできる)、といった機能もあります。

コラム グラフを2つに分ける

ここでは「温度・湿度・磁気」を1つのグラフにしましたが、「温度・湿度」と「磁気」で、別のグラフに分けることもできます。

別にする場合、[表示項目]タブで、[履歴]の数を「2つ表示」にします。

すると、画面に2つの履歴が表示されます。

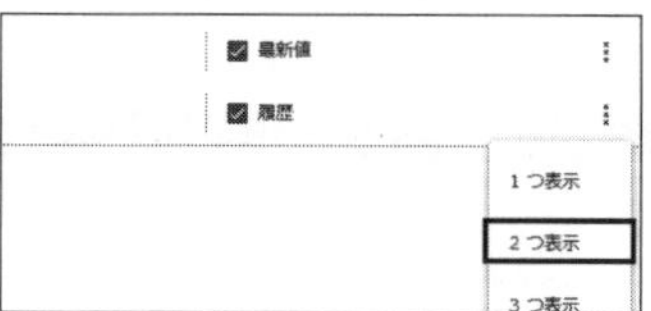

片方を「2つの数値の折れ線グラフ」にして、もう片方を「1つの数値の折れ線グラフ」にします。

前者は、「温度・湿度・磁気」の3つのデータがあるところの先頭2つの数値しか表示せず、単純に磁気のデータは使われないだけです。

後者については、「磁気のデータ」を表示したいので、「配列から取り出し」の部分に「2」と設定します。

これは配列の要素番号「2」の値を採用するという意味です。

「温度・湿度・磁気」のデータは、それぞれ要素の「0」「1」「2」に対応するため、「2」を指定すると、磁気の情報を使える、というわけです。

このようにRemotteでは、構成要素が配列を返す場合、それぞれの要素に、別々の表示部品を割り当てることもできます。

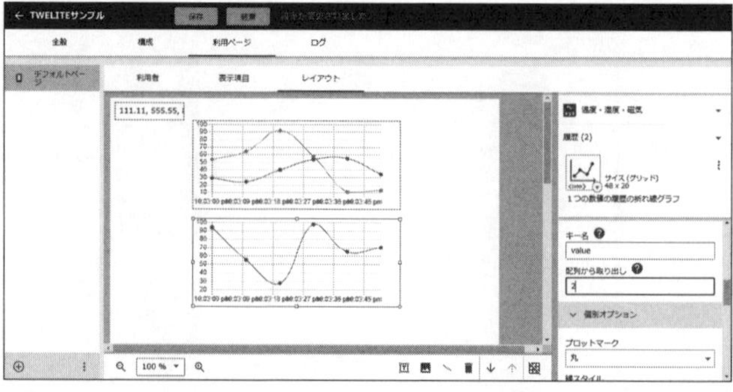

5-5 動作テスト

以上で構築は完了です。
[保存]してから、「Remotteアプリ」を起動してみましょう。

利用ページを開き、TWELITE ARIAにコイン電池を入れて稼働し、しばらく待つと、「温度・湿度・磁気センサ」のグラフが表示されるはずです(図5-39)。

[メモ]

起動する際は、TWELITE STAGEアプリを終了させておいてください。TWELITE STAGEアプリが起動している間は、MONOSTICKと通信するポートを専有するため、終了しないと、他のプログラムからアクセスできません。

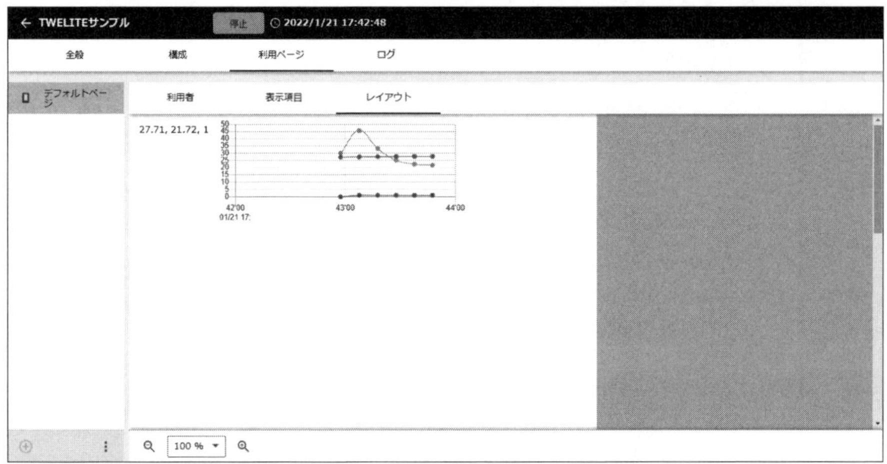

図5-39 TWELITE ARIAの「温度」「湿度」「磁気」の情報がRemotteでグラフとして表示された。

コラム スレッドを使う

リスト5-2は、あまりよいプログラムではありません。

というのは、MONOSTICKからデータが届くまで、処理を待ってしまうからです。同じページに、他の構成要素も貼る場合、待っている間、他の構成要素が動かなくなってしまいます。

こうした状況を回避するには、**スレッド**を使って、並列に動作するようにします。

たとえば**リスト5-3**のように、「sense関数」を使わずに([プラットフォームがセンス関数を呼び出す]のチェックをオフにしておいて)、初期化の際に呼び出される「__init__関数」でスレッドを作り、そのスレッドのなかで、MONOSTICKと通信するようにします。

リスト5-3の例にあるように、デバイスとの通信、データの取得は、「sense関数」を使う必然性はなく、Remotteでは、スレッド内での処理をはじめ、任意のタイミングで実施できます。

[メモ]

「sense関数」の呼び出しを使わない場合でも、「input_sense.py」ファイルには、「sense関数」の実装が必須です。

リスト5-3 「__init__関数」でスレッドを作り、そのスレッドのなかでバックグラウンドでMONOSTICKと通信する例(「sense関数」は使わない)

```
import sys
sys.path.append('MNLib.zip')
from apppal import AppPAL

import threading

class InputSense:

    def getdata(self):
        # PALオブジェクト作成
        port = self._opt['comport']
        self._PAL = AppPAL(port = port)

        while True:
            # データが届くまで待つ
            while not self._PAL.ReadSensorData():
                pass
```

```
            # 届いた値をRemotteに設定
            data = self._PAL.GetDataDict()
self._sys.set_value({'value':
                [
                    data['Temperature'],
                    data['Humidity'],
                    data['HALLIC'] & 0x7f
                ]           })

    def __init__(self, sys, opt, log):
        self._sys = sys
        self._opt = opt
        self._log = log

        thread = threading.Thread(target = self.
getdata)
        thread.start()

   ## sense関数は使わないが、実装は必要
    def sense(self):
        return

    # def share_changed(self, name, data):
    #     return

    def terminate(self):
        del self._PAL
        return
```

5-6 まとめ

この章では、PCに接続されたデバイスをRemotteから操作する例として、「MONOSTICK + TWELITE ARIA」を使った「温度」「湿度」「磁気」の状態を、グラフ化する方法を説明しました。

「MONOSTICK + TWELITE ARIA」以外の構成の場合も、やり方は同じです。

違うのは、「利用するライブラリ」や「デバイスとのやり取りの方法」だけのはずです。

第6章

LANで接続されたデバイスを制御する（M5Stack編）

第5章では、PCに直結されたMONOSTICKをRemotteで操作する方法を説明しました。

この章では、無線LANや有線LANで接続されたデバイスを制御する方法を説明します。

6-1 この章で作るアプリの例

この章では、題材として、M5Stack社の「M5Stack」という「液晶付きマイコン」を扱います。

このデバイスは、主要な電子パーツショップ、通販サイトなどで購入できます。たとえば、スイッチサイエンス社は、M5Stack社の製品を多く取り扱っています。

【M5Stack社】

https://m5stack.com/

【スイッチサイエンス】

https://www.switch-science.com/

M5Stackには「320×240ドットのカラー液晶」と「3つのボタン」と「スピーカー」が内蔵されています（図6-1）。

「無線LAN」と「Bluetooth」にも対応しています。

またいくつかのモデルがあり、「GRAYモデル」の場合は、傾きが分かる「3軸センサ」も内蔵されています。

そして側面に「**GROVE端子**」と呼ばれるコネクタがあり、ここに、「GROVE対応のデバイス」を取り付けられます。

GROVE対応のデバイスとしては、各種センサやリレー、LEDテープなど、さまざまな種類のものがあります。

図6-1　M5Stack

■LANでさまざまなデバイスを操る

この章の話題は、「LANでデバイスを操ること」です。

「RemotteとM5StackをLANで通信して、RemotteからM5Stackに命令を出す」「M5Stackからボタンの押下状態や、つないだセンサの情報を、Remotteに送信する」ということを扱います。

この章で登場する「M5Stack」は、LANで通信するデバイスの一例であり、この章で作るプログラムは、「TCP/IPで通信するモノ全般」に利用できる汎用的な作り方をしていきます。

本書で作るものは、下記の通りで、「汎用的」なところから、少し盛りだくさんです。

「①基本機能」までは、M5Stack単体で動きます。

②③④は、M5Stackに加えて、いくつかの追加のデバイスが必要です。

これらについては、本書からダウンロードできる「スペシャルコンテンツ」で紹介します。

①基本機能

「テキストボックス」([テキストの表示と入力])を1つ配置し、入力されたテキストをM5Stackの液晶画面に表示します。

また「赤」「緑」「青」の濃度を調整できるスライダー([無段階ボリューム(垂直)])を配置して、画面上で「色」を設定して、設定した色をM5Stackの液晶に反映させられるようにします。

そして、M5Stackの3つのボタンが押されたかどうかの状態を、Remotte上に表示します。

②CO_2濃度・温度・湿度のグラフ表示

センサの利用例として、「CO_2センサ」を取り上げます。

本章で利用するのは、Seeed社の「Grove - SCD30搭載 CO_2・温湿度センサ」という製品です。

高精度で、「CO_2濃度」「温度」「湿度」を計測できます。

日本では、スイッチサイエンスなどで購入できます(**図6-2**)。

このセンサをM5Stackに取り付けて、定期的に値を計測し、Remotteへと送信します。 Remotteでは、受信した値を、数値やグラフで表示します。

【Grove - SCD30搭載 CO_2・温湿度センサ】

https://www.switch-science.com/catalog/7000/

図6-2　Grove - SCD30搭載 CO_2・温湿度センサ

③音声での警告

②と関連して、CO_2濃度が一定の値を超えたときは、「換気をしてください」と声でお知らせるようにします。

Remotteには、「テキスト読み上げの関数」が提供されているため、この機能は、比較的簡単に実装できます。

④家電の「オン・オフ」

②と関連して、CO_2濃度が一定の値を超えたときは、自動でサーキュレータ(扇風機)をオンにするという仕組みを作ります。

電源を「オン・オフ」するには、TP-LINK社の「スマートWi-Fiプラグ」という製品を使います(**図6-3**)。

この製品は、Wi-Fi対応のコンセントです。
命令を送ることで、通電「する/しない」を切り替える、つまり、このコンセントにつないだ製品を「オン・オフ」できます。

本来の使い方は、スマホアプリやAmazonの「Alexa」などの音声コントロールで、家電の「オン・オフ」を操作するもので、電子工作とは関係ない一般的な家電製品の一種ですが、それをRemotteからコントロールしてみます。

図6-3 スマートWi-Fiプラグ

■全体の構成図

この章で作る構成の全体像を、図6-4に示します。

①Remotteが「M5Stack」と通信する、②Remotteが「スマートWi-Fiプラグ」と通信する、というように、Remotteを中心としたシステムであることが分かります(M5StackとスマートWi-Fiプラグが通信するわけではありません)。

Remotteを使った制御システムでは、このように、Remotteを中心として、さまざまなデバイスを制御するという構成をとります。

工場などで、何か制御するという場面でも、規模や扱う情報の違いこそあれ、基本は同じです。

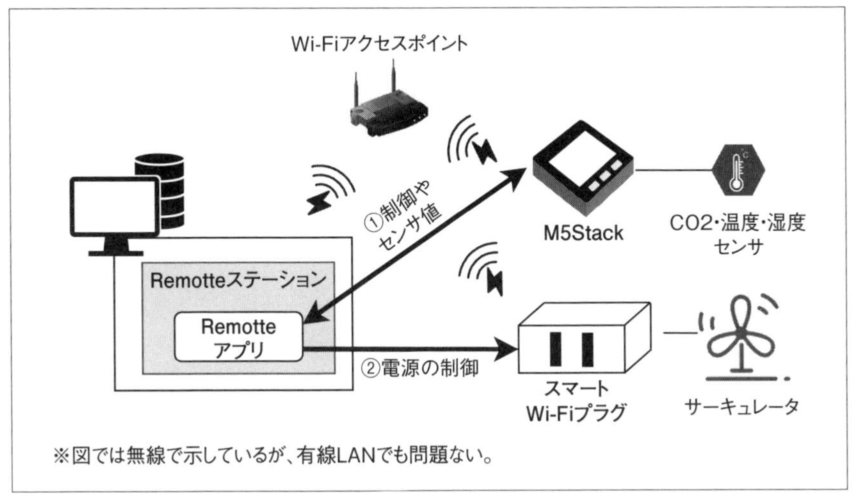

図6-4　この章で作るアプリの全体像

6-2　TCP/IP対応デバイスと通信する仕組み

第5章では、PCのUSBポートに接続したMONOSTICKとやり取りする方法を説明しました。

今回は、**図6-4**のように、PCとM5Stackは「Wi-Fi」(無線LAN)で通信します。

この場合、もちろん直接、通信する方法でもいいのですが、もう少し汎用的なやり方があります。

それは、「MQTT」(Message Queuing Telemetry Transport) というプロトコルを利用する方法です。

> ※今回の構成において、MQTTで通信する範囲は、M5Stackだけです。
> スマートWi-FiプラグはMQTTで通信するわけではありません。

■MQTTの構成

「MQTT」は、TCP/IP上で動作するプロトコルです。

小さなメッセージをやり取りすることを目的としたもので、値を「送信する側」と「受信する側」との橋渡しのやり方を規定します。

●「パブリッシャ」と「サブスクライバ」

「MQTT」では、送信する側のことを「パブリッシャ」(publisher)、受け取る側のことを「サブスクライバ」(subscriber)と言います。

「送信する側」と「受信する側」とを中継するのは「ブローカー」と呼ばれるソフトウェアです(図6-5)。

＊

「ブローカー」は、いわゆる「サーバ」です。

「TCP/IPの特定のポート」で待ち受けていて、ここに「パブリッシャ」や「サブスクライバ」がTCP/IPプロトコルで接続して、通信します。

すなわち、「MQTTプロトコル」を採用することで、「TCP/IP」(LANや無線LAN)で接続されたデバイスとのやり取りが可能になります。

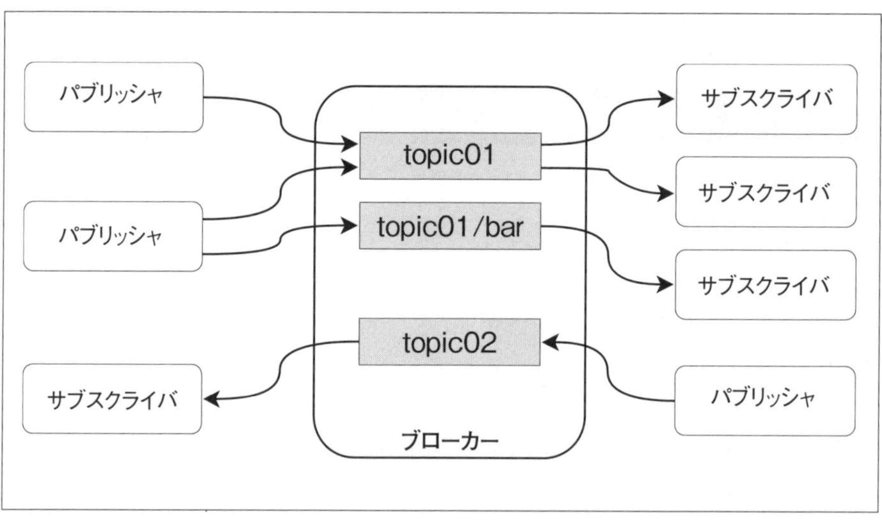

図6-5 MQTTプロトコル

[メモ]

MQTTは「パブリッシャ」から「サブスクライバ」への1方向の通信です。

双方向に通信したいのであれば、それぞれ「パブリッシャ」と「サブスクライバ」の両機能をもつように実装して、逆方向のコネクションを別に張ります。

●トピック

MQTTは、同時に複数の「通信チャンネル」をもっており、そのチャンネルのことを**「トピック」**(topic)と言います。

「トピック」を使って、「これはセンサAのトピック」「これはセンサBのトピック」というようにチャンネルを切り替えて通信するわけです。

「パブリッシャ」や「サブスクライバ」は、ブローカーに登録する際に、「どのトピックを自分が扱うのか」を指定します。

自分で登録した以外のトピックに関するデータが流れてくることはありません。

トピック名は、「名前/名前/名前」のように「/」で区切った階層構造をとることができます。

たとえば、「センサA/温度」「センサA/湿度」といったように、カテゴリ分けできます。

■MQTTをサポートするライブラリやソフトウェア

「MQTT」はIoTの業界標準プロトコルであるため、さまざまなライブラリやソフトウェアがあります。

こうしたものを使えば、簡単に「MQTTプロトコル」を使って、通信できます。

●Eclipse Mosquitto(モスキート)

MQTTのブローカーとしてよく使われるソフトウェアが、オープンソースとして提供されている「Eclipse Mosquitto」(以下、Mosquitto)です。

このソフトウェアを動かせば、PCやサーバ上で、MQTTブローカーを動かせます。

【Eclipse Mosquitto】

https://mosquitto.org/

●Eclipse Pahoライブラリ

MQTTプロトコルをサポートするライブラリです。

「Python」や「JavaScript」など、さまざまなプログラミング言語に対応しています。

すぐあとに説明しますが、Pythonで使う場合は、次のように「paho-mqtt」をインストールすると、使えるようになります。

```
pip install paho-mqtt
```

【Eclipse Paho】

https://www.eclipse.org/paho/

■RemotteでMQTTを使う場合の構成

RemotteでMQTTを使う場合は、いくつかの構成が考えられますが、よくあるシンプルな構成が、Remotteステーションを動かすPC上で、ブローカーを動かして、そこにデータを集約する方法です(図6-6)。

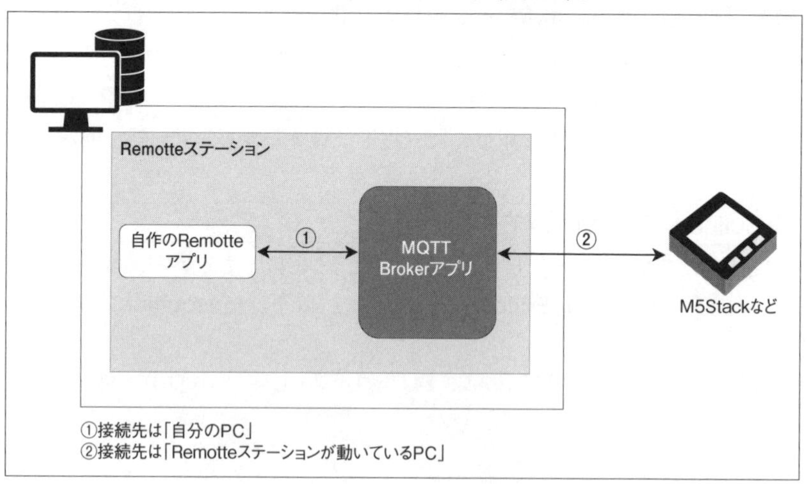

図6-6 RemotteでMQTTを使う場合の構成

リモッテ・テクノロジーズ社は、「MQTT Broker」というRemotteアプリを提供しており、「Remotteステーション」に追加して起動すると、自分のPCがMQTTブローカーになります。

ここに、M5Stackが接続したり、自作するRemotteアプリから接続したりすることで、PCとM5Stackとが通信できるようになります。

[メモ]

「MQTT Broker」アプリは「1つ」だけ起動すれば充分です。

MQTT通信する「Remotteアプリ」がたくさん存在する場合も、「トピックID」が異なれば通信が混ざらないので、1つで共有できます。

コラム 「MQTT Broker」以外をブローカーとして使う構成

図6-6の②で、M5Stackなどが「Remotteステーションが動いているPC」に接続している点に着目してください。

「Remotteステーションを動かすPC」は、だいたい、「自宅の中」とか「社内LAN」などに設置するでしょう。

こうした環境に置かれたPCは、通常、「ファイアウォール」(NAT、IPマスカレード)が構成されていて、「インターネットから接続する」ということはできません。

つまり、図6-6の構成は、「Remotteステーション」と「それと通信するM5Stackなど」が、同じLANに接続されていることが前提です。
(あとで説明しますが、この構成ですら、「PCのファイアウォール」の設定を変更しないと、つながりません)

*

では、同一LANでないと利用できないのかと言うと、そうではなくて、MQTTブローカーをインターネット上に設置すれば、まったく問題ありません。

つまり、リモッテ・テクノロジーズ社が提供している「MQTT Broker」ではなく、別に、「Eclipse Mosquitto」などをインストールしたサーバを用意して、それをインターネットに配置して利用すれば、同一LANでなくても利用できます(図6-7)。

自分でMQTTブローカーのサーバを用意することもできますが、近年では、クラウドを使うこともできます。

たとえば、AWSの「AWS IoT Core」は、MQTTブローカーを提供するサービスです。

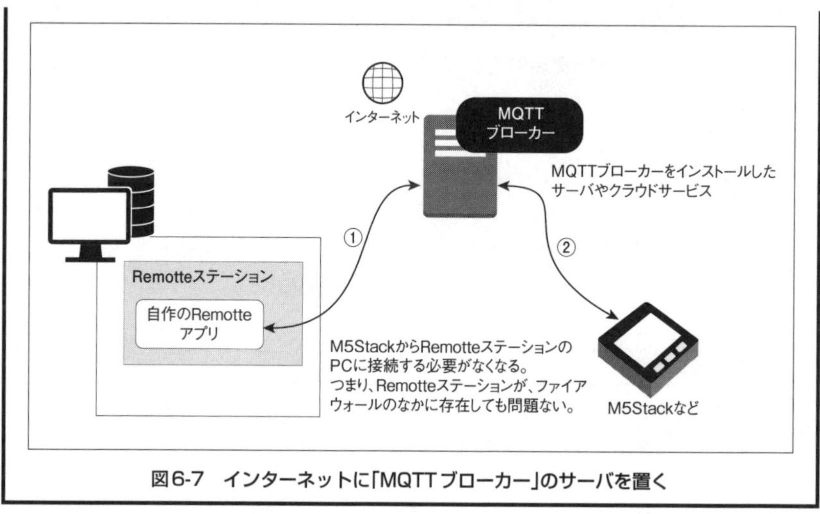

図6-7　インターネットに「MQTT ブローカー」のサーバを置く

■MQTT Brokerを追加する

以下では、M5Stackと通信するために「MQTT Broker」を使います。
まずは、「Remotteストア」からダウンロードして、追加しましょう。

手 順　MQTT Brokerを追加して起動する

[1] Remotteストアを開く

「Remotte管理ツール」を開き、[ストアへ]をクリックして、Remotteストアのページを開きます(図6-8)。

図6-8　Remotteストアのページを開く

[2] MQTT Brokerをダウンロードする

「MQTT Broker」をダウンロードします。
このアプリは、[遠隔操作]や[IoT]のカテゴリーにあります(図6-9)。

図6-9　MQTT Brokerをダウンロードする

[3]「MQTT Broker」を追加する

Remotte管理ツールに戻り、右上メニューから[ファイルから読み込み]を選択して、[2]でダウンロードしたファイルを読み込みます(**図6-10**)。

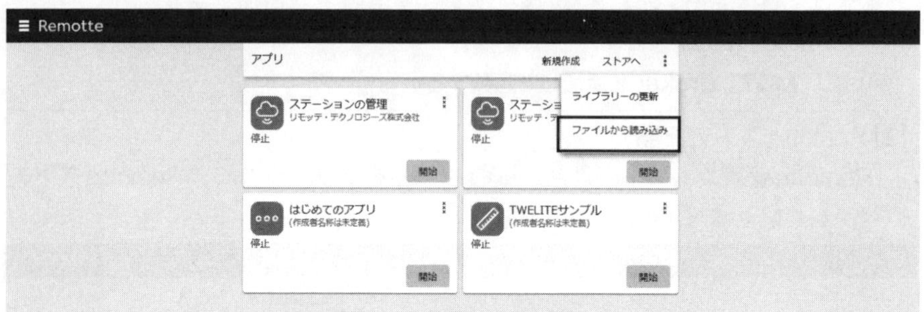

図6-10　ファイルから読み込む

[4]追加の完了

「MQTT Broker」が追加されました。

いくつか設定しなければならない項目があるので、ここでは[開始]をクリックせず、そのまま[MQTT Broker]のタイトルをクリックして、各種設定を進めていきます(**図6-11**)。

図6-11　MQTT Brokerが追加された

■MQTT Brokerの設定と起動

「MQTT Broker」の[設定]の[オプション]には、受信する「ポート番号」と「IDとパスワード」の設定項目があります。

これを任意のものに設定します(図6-12)。

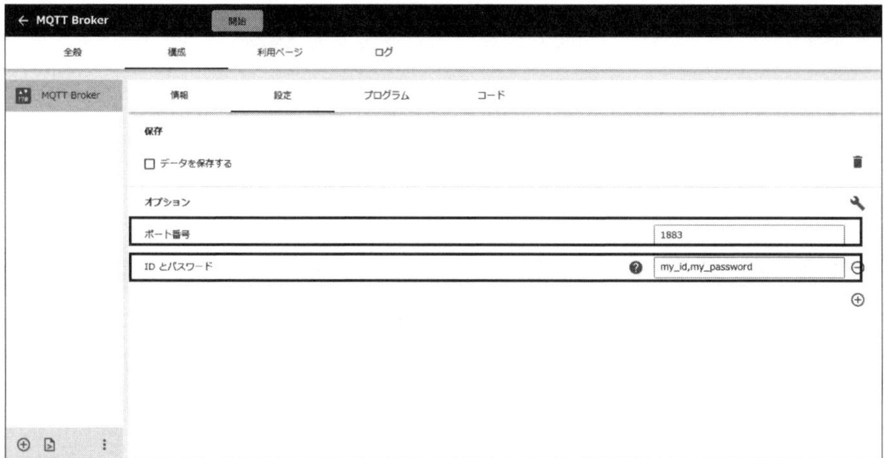

図6-12 MQTT Brokerの設定

●ポート番号

デフォルトでは「1883」に設定されています。

これは「MQTTプロトコル」の「既定のポート番号」(ウェルノウンポート)です。

変更する必要はありませんが、もし別のものに変更したければ変更してください。

●「ID」と「パスワード」

「ID」と「パスワード」をカンマで区切って指定します。

デフォルトでは「my_id」と「my_password」です。

本書では、このデフォルトのままの設定で進めますが、必要に応じて、適切なものに変更してください。

なお、[−]ボタンをクリックして項目を削除すると、「ユーザー名・パスワードなし」(誰でも接続できる)という動作にすることもできます。

逆に、[+]ボタンをクリックして、「複数のユーザー名・パスワード」を設定することもできます。

＊

上記の設定をしたら、[開始]ボタンをクリックして起動してください。

このアプリは、利用ページに何も表示されません。

起動したかどうかは、[ログ]で確認してください。
エラーが表示されていなければ、起動しているはずです(図6-13)。

図6-13　ログを確認したところ

■ファイアウォールの設定

これで、「MQTTブローカー」が動きましたが、これだけでは、M5Stackなど、他のデバイスから、この「MQTTブローカー」に接続することはできません。

PCの「ファイアウォール」が阻害するからです。

＊

図6-12では、MQTTをポート「1883」で起動しました。

このポートを使った通信を許可しないと、通信できないのです(**図6-14**)。

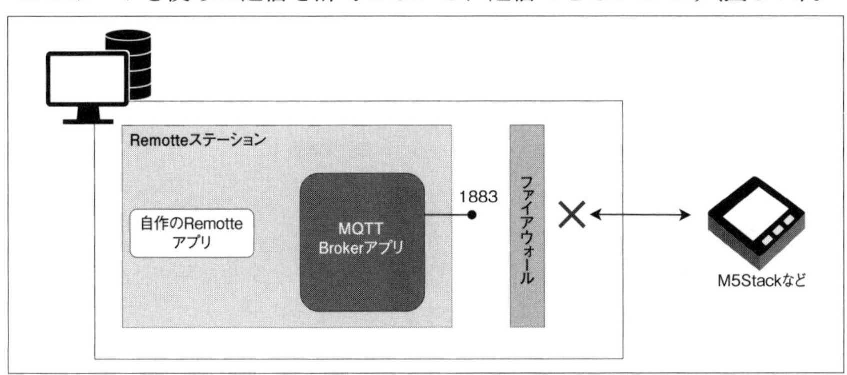

図6-14　ファイアウォールに阻まれて接続できない

Windows標準のセキュリティ構成を利用している場合、ポートを開ける手順は、次の通りです。

「セキュリティ対策ソフト」(ウイルスバスターやノートンインターネットセキュリティなど)を利用している場合は、それぞれ設定方法が異なるので、セキュリティソフトのマニュアルを参照してください。

なお、下記の操作には、「Windowsの管理者権限」が必要です。

手　順　「MQTTブローカー」で通信しているポートを開ける

[1] ファイアウォールとネットワーク保護の[詳細設定]を開く

Windowsの[設定]を開き、[更新とセキュリティ]―[Windowsセキュリティ]から、[ファイアウォールとネットワーク保護]を開きます。[詳細設定]をクリックします(**図6-15**)。

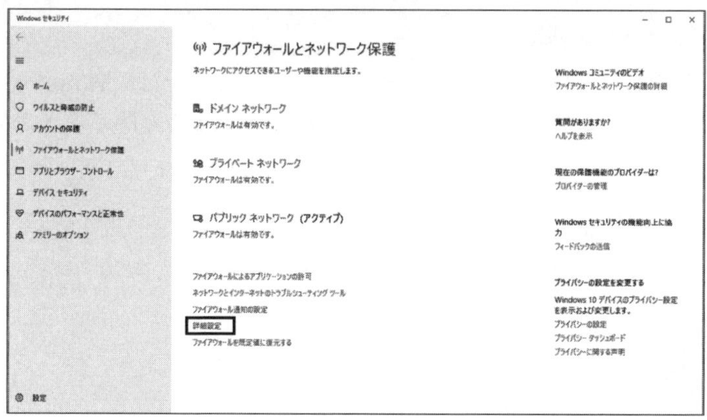

図6-15 ファイアウォールの詳細設定を開く

[2]「受信の規則」を追加する

「セキュリティが強化されたWindows Defender ファイアウォール」が開いて、左のツリーから[受信の規則]を選択します。

そして、右側の[操作]メニューから[新しい規則...]をクリックします(図6-16)。

図6-16 受信の規則を追加する

[3]「ポートの規則」を追加する

「規則ウィザード」が起動します。

MQTTが通信するポートを開ける設定をしたいので、[ポート]を選択して、[次へ]をクリックします(**図6-17**)。

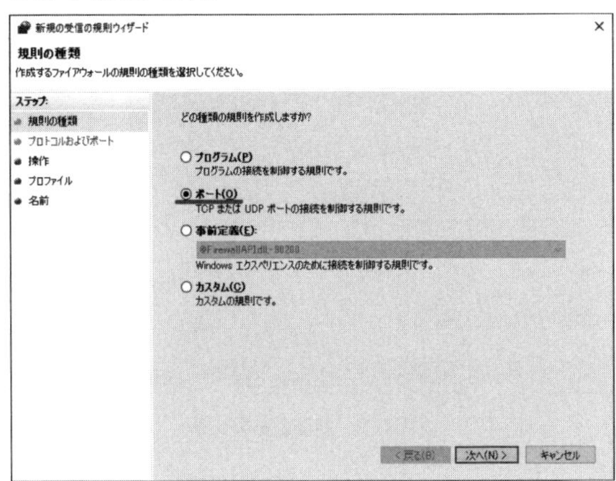

図6-17　ポートを選択する

[4]ポート「1883」を追加する

ポート番号が尋ねられます。

前掲の**図6-12**のように、「MQTTブローカー」の受信ポートをデフォルトの「1883」としているのであれば、[TCP]を選択して、[特定のローカルポート]として「1883」と入力し、[次へ]ボタンをクリックします(**図6-18**)。

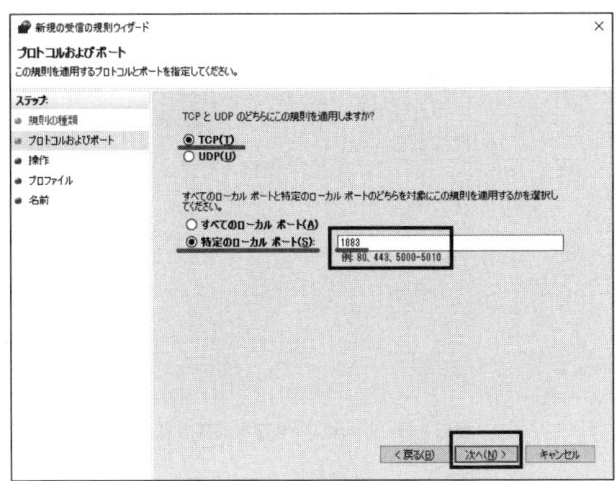

図6-18　ポート1883を追加する

[5] 接続を許可する

この通信を許可したいので、[接続を許可する]を選択して、[次へ]をクリックします(図6-19)。

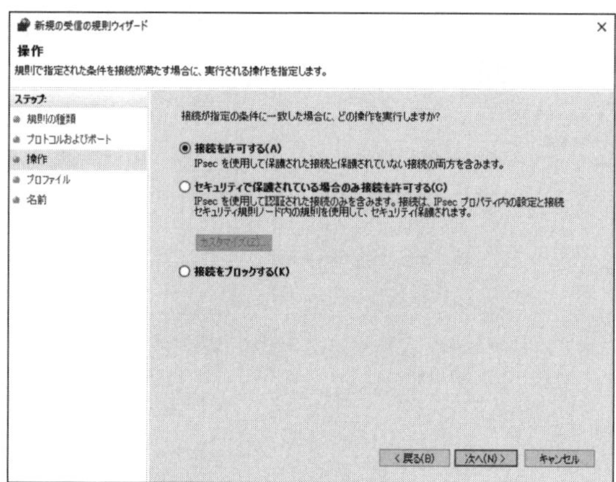

図6-19　通信を許可する

[7]「規則の適用先」を設定する

この規則を、どんな通信に対して適用するのかを尋ねられます。

[ドメイン][プライベート][パブリック]がありますが、ここでは話を簡単にするため、すべてにチェックを付けます(図6-20)。

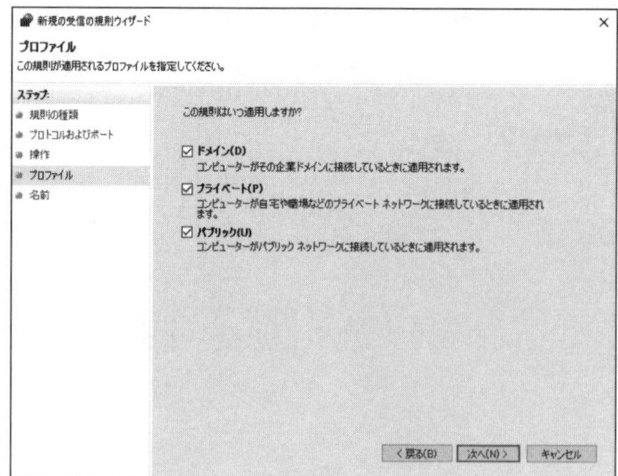

図6-20　規則の適用先を設定する

[8] 名前を付けて保存する

最後に、名前を付けて保存します。

どのような名前でもかまいませんが、ここでは「MQTT」としておきます（図6-21）。

以上で設定は完了です。

他のデバイスから、このMQTTブローカーに対して接続できるようになりました。

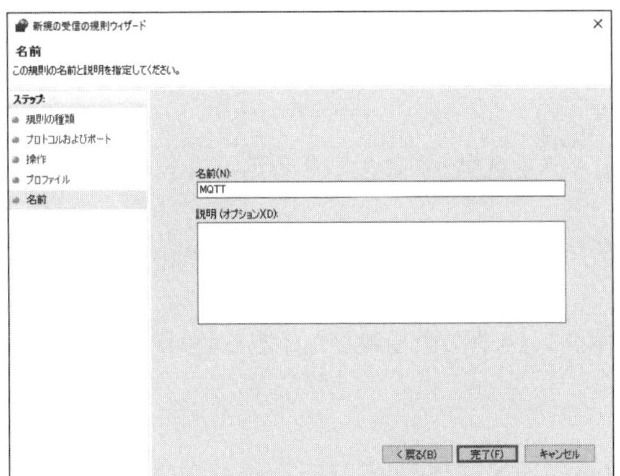

図6-21　名前を付けて保存する

コラム　その他の「MQTTブローカー」のトラブルシューティング

「MQTTブローカー」は少し複雑なソフトなので、「古いWindows 10環境では動かない」などの問題があります。

既知のものに関しては、いくつか解決策が示されているので、うまくいかないときは、下記のブログ記事を参考にしてください。

【[Remotteアプリ]リモッテでMQTTブローカーを立ち上げる】

https://qiita.com/remotte_jp/items/893800044319a8c9a3a2

6-3 M5StackとMQTTで通信する

以上で、MQTTの準備が整いました。
「Remotteアプリ」の開発を進めていきましょう。

まずは、M5Stackとやり取りする基本的な部分から作っていきます。

■通信の内容とトピックIDの決定

冒頭でも説明したように、今回のサンプルの基本的な動作としては、次の3つの操作ができるようにします。

---

①Remotteで「テキスト入力」すると、そのテキストがM5Stackに表示される。

②Remotteで「色」を選択すると、その色がM5Stackの背景色になる。

③M5Stackの「ボタン」を押したり離したりすると、Remotteの画面上の「オン・オフ」が変わる。

---

①と②は、「Remotteアプリ」からM5Stackに向けた通信です。
つまり、「Remotteアプリがパブリッシャ」で、「M5Stackがサブスクライバ」となります。

対して③は、M5Stackから「Remotteアプリ」に向けた通信です。
すなわち、「M5Stackがパブリッシャ」で、「Remotteアプリがサブスクライバ」という構成です。

すでに説明したように、MQTTでは、通信の際に「トピックID」を決める必要があるため、ここで決めてしまいます。

*

「トピックID」は、分かりやすければなんでもよいので、ここでは**図6-22**に示すように、①②は「remotte_m5stack」、③は「m5stack_remotte」とします。

そして、そのデータ書式は、次のようにJSON形式で送信することにします。

[メモ]

ここでは分かりやすさからJSON形式を用いていますが、M5Stackのようなマイコンで JSON形式のデータを扱うには、ライブラリを使わなくてはならず、少し大げさです。

より簡単・高速・省メモリで実現したいなら、「カンマ区切り」や「コロン区切り」「固定長」など、扱いやすいデータ形式を選ぶとよいでしょう。

ここであえてJSONを使っているのは、MQTTではデータをJSONで扱うことが多く、このサンプルが、ほかの機器でも応用できるようにしたいという思いからです。

①②remotte_m5stack

```
{"text": M5Stackに送信するテキスト, "color": [赤, 緑, 青]}
```

※赤、緑、青は、それぞれ明るさを示す「0〜255」の整数

③m5stack_remotte

```
{"btn" : [1番目のボタンのオンオフ, 2番目のボタンのオンオフ, 3番目のボタンのオンオフ]}
```

※オンのときは「1」、オフのときは「0」

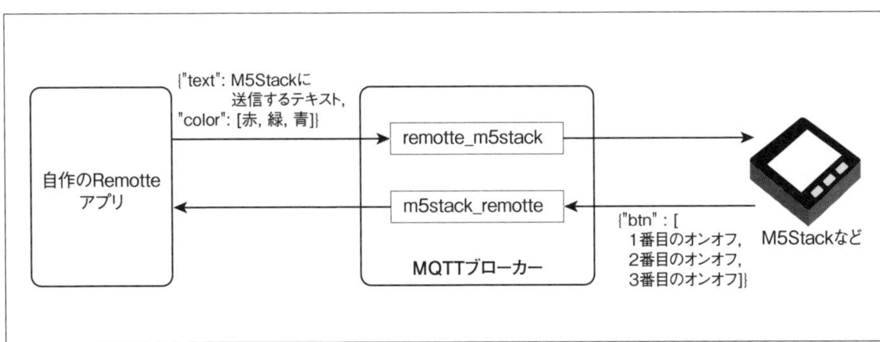

図6-22　この章のサンプルアプリで用いるトピックID

■アプリの構成

MQTTを使って通信する場合、それぞれが「MQTTとやり取りするところ」までしか考えず、「MQTTの先」は完全に無視します。

つまり、この構成では、上記の①②については、「Remotteアプリ」は、MQTTにデータを送信するところまでを作り、それとは別に、M5Stackのプログラムは MQTTから受信してテキストや色を変えたりする処理を作ります。

③についても同様で、M5StackのプログラムはMQTTにデータを送信するところまでを作り、それとは別に、「Remotteアプリ」は、「MQTTからデータが届いたときに、表示部品のオン・オフの表示を変える」という処理を作ります(**図6-23**)。

M5Stackのプログラミングは、「Remotteアプリ」とまったく関係ありません。

以下、本書では、M5Stackプログラミングの部分については、「Arduino IDE」を使った開発をしていきます。

本書は、M5StackやArduinoに関する解説をするのが目的ではないため、解説は最低限に留めます。M5Stackについて詳しく知りたい人は、拙著「M5Stackではじめる電子工作」などを参考にしてください。

[メモ]

この話から分かるように、MQTTでは、「パブリッシャ」と「サブスクライバ」は完全に分離しています。

本書では、M5Stackを制御しますが、別のデバイスでMQTTと通信するプログラムを作れば、「Remotteアプリ」を修正することなく、そのデバイスを制御できます。

本書で構成するM5Stackは、何台でもMQTTブローカーに接続でき、複数台接続した場合は、すべて同じ振る舞いをします。
冒頭で、「MQTTは多対多のプロトコル」と説明しましたが、こういう意味です。

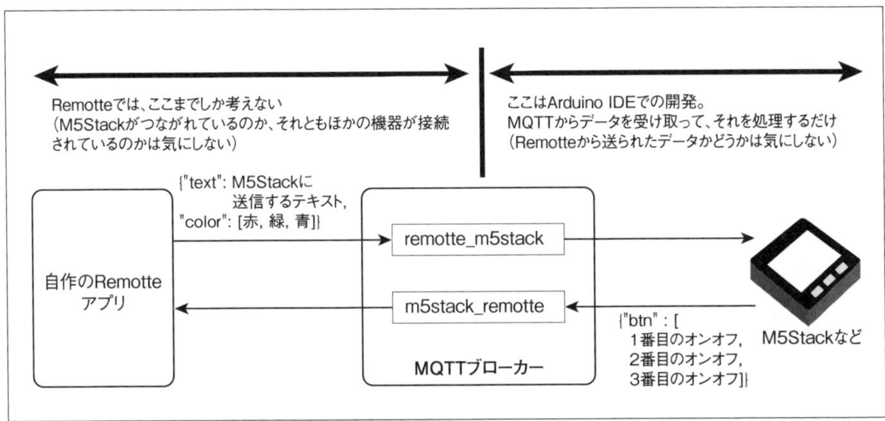
Remotteでは、ここまでしか考えない
(M5Stackがつながれているのか、それともほかの機器が接続されているのかは気にしない)
ここはArduino IDEでの開発。
MQTTからデータを受け取って、それを処理するだけ
(Remotteから送られたデータかどうかは気にしない)
{"text": M5Stackに
送信するテキスト,
"color": [赤, 緑, 青]}
自作のRemotte
アプリ
remotte_m5stack
m5stack_remotte
MQTTブローカー
{"btn" : [
1番目のオンオフ,
2番目のオンオフ,
3番目のオンオフ]}
M5Stackなど

図6-23　アプリの構成

■MQTT通信するRemotteアプリを作る

それでは、実際に作っていきます。

＊

まずは、「Remotteアプリ」を新規作成します。

これまで何度も作っているので、詳細な手順は割愛します。

「Remotte管理ツール」を開き、開発者モードに切り替え、[アプリ]の右上の[新規作成]をクリックして、新しいアプリを作ります。

「アプリ名」と「カテゴリー」は任意でよいですが、ここでは「M5Stackサンプル」としておきましょう。

カテゴリーは「遠隔操作」にしておきます(**図6-24**)。

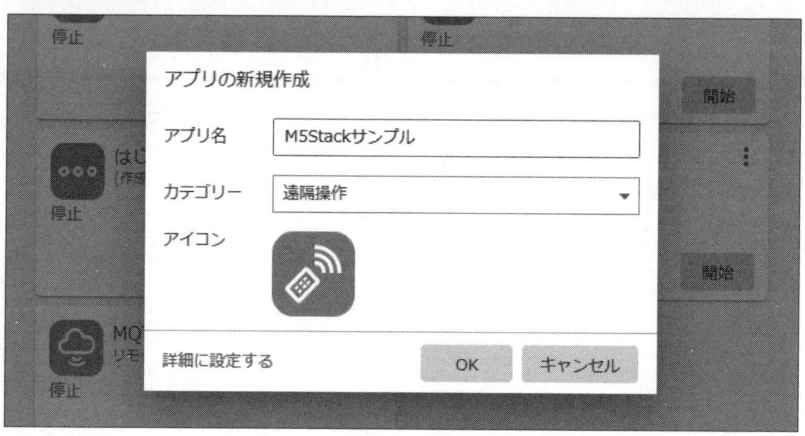

図6-24　アプリ名とカテゴリーを設定する

6-4　パブリッシュする部分を作る

次に、この「Remotteアプリ」に、MQTTで通信する構成要素を追加していきます。

ここでは、すべて同じMQTT通信なので、

①Remotteで「テキスト入力」すると、そのテキストがM5Stackに表示される

②Remotteで「色」を選択すると、その色がM5Stackの背景色になる

③M5Stackの「ボタン」を押したり離したりすると、Remotteの画面上の「オン・オフ」が変わる

の、3つの機能を、1つの構成要素にまとめます。

すべてを一度に作るのは複雑なので、ひとまずこの節では、①②のパブリッシュする部分を作り、③のサブスクライブする部分は、この節で作ったプログラムを改良する形で、次節で作ります。

■「構成要素」を作る

まずは「構成要素」を作ります。

ここでは「カスタムの構成要素」として作ります。

①②は「制御」の向き、③は「センス」の向きの操作なので、どちらにも対応できる「入出力」として作ります。

手 順　MQTT制御の構成要素を作る

[1] [構成]タブを開く

作成したアプリをクリックして開き、[構成]タブを開きます。

左下の[+]ボタンをクリックして、[新規作成]を選択します(図6-25)。

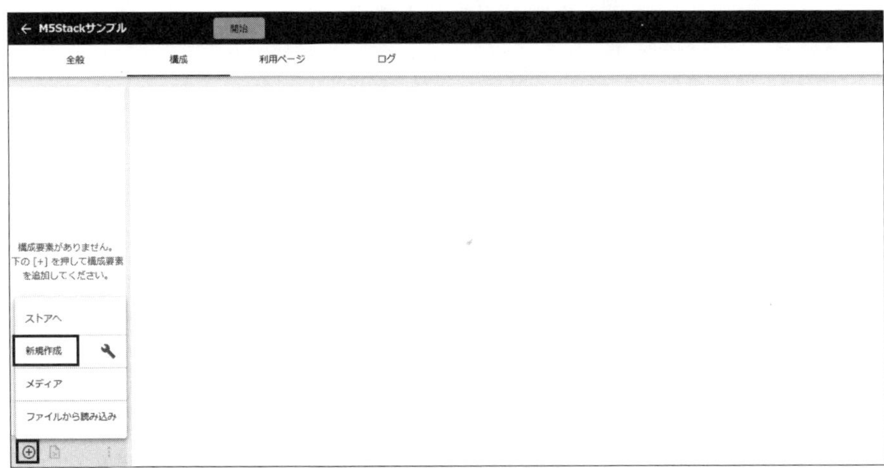

図6-25　構成要素を作成する

[2]「カスタム入出力」を作る

カテゴリーから[カスタム]を選択し、入出力タイプは[カスタム入出力]を選びます。

互換タイプは、「無し」とします。

「構成要素の種類」としては、[自作物]を選択します。

「構成要素名」は任意ですが、ここでは「M5StackMQTTサンプル」にします(図6-26)。

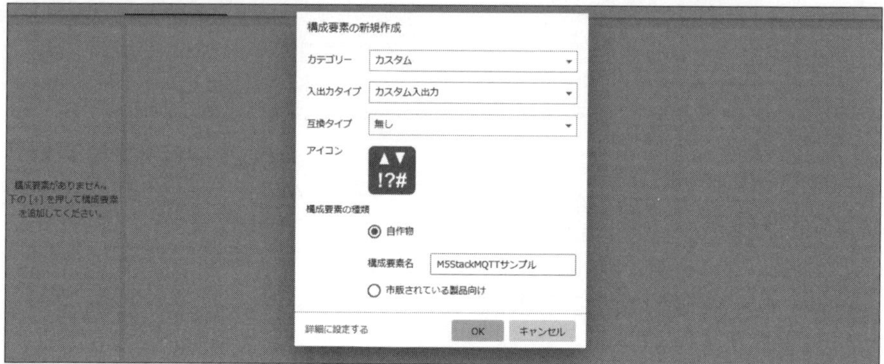

図6-26　カスタム入出力を作る

■ライブラリを追加する

この構成要素では、MQTTで通信します。
そのためには、MQTTのライブラリを使います。

ここでは「Eclipse Paho MQTT Python Client」というライブラリを使います。

そこで、「Install.ps1」ファイルを開き、次のようにインストールのコマンドを追記します(図6-27)。

```
pip install paho-mqtt
```

図6-27　Paho MQTT Python Clientをインストールするコマンドを記述する

記述したら保存して、左下から[インストールスクリプトの実行]を選択し、このスクリプトを起動します。

すると、上記のコマンドが実行され、ライブラリがインストールされます(**図6-28**)。

図6-28　インストールスクリプトを実行する

■接続先のMQTTブローカーの「ホスト名」「ユーザー名」「パスワード」を入力できるようにする

この構成要素が接続するMQTTブローカーの「ホスト名」(サーバ名)や「ユーザー名」「パスワード」を、「Remotteアプリ」のオプションとして構成し、開発者や管理者が自由に設定変更できるようにしておきます。

すでに説明したように、この章では、「MQTTブローカー」として、リモッテ・テクノロジーズ社が提供している「MQTT Broker」を使いますが、そこでの設定(前述の**図6-12**)に使った「ユーザー名」や「パスワード」は、接続する際に、プログラムから引数として渡す必要があります。

そのための値を入力するための欄です。

接続先の「ホスト名」は、「MQTT Broker」が動いているIPアドレス、つまり、自分自身のIPアドレスです。

これは「localhost」もしくは「127.0.0.1」という値を指定します。

[メモ]

「localhost」や「127.0.0.1」は、TCP/IPにおいて、自分自身を示す「特殊なホスト名」および「IPアドレス」です。

手 順　オプションを追加する

[1] オプションを開く

まずは、[構成]タブのなかの[設定]タブを開き、[オプション]の[スパナのアイコン]をクリックします(**図6-29**)。

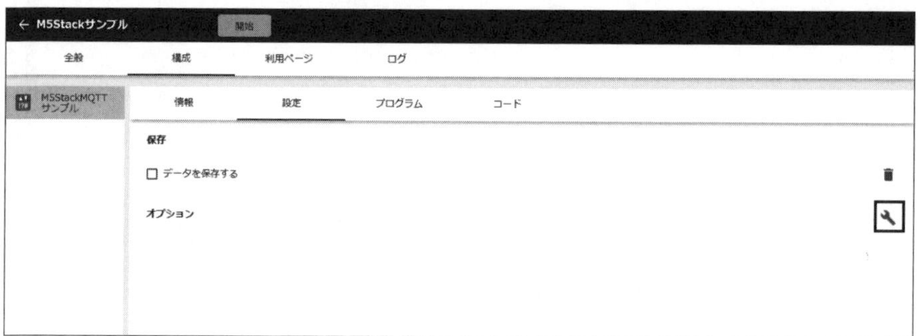

図6-29　オプションを開く

[2] 「MQTTブローカーのホスト名」のオプションを追加する

[オプションの定義]ウィンドウが表示されたら、左下の[+]ボタンをクリックして、オプション項目を追加します。

まずは、「ホスト名」から作ります。

ここでは[変数名]を「hostname」とし、[表示名]を「MQTTブローカーのホスト名」とします。種類は[文字列]とします(**図6-30**)。

[メモ]

変数名は、「__init__関数に渡されるopt引数のキー名」、表示名は「設定画面として表示される名称」です。

この設定では、「opt['hostname']」をプログラムから参照すると、[MQTTブローカーのホスト名]の欄に入力された値を取得できます。

図6-30　MQTTブローカーのホスト名のオプションを追加する

[3]「ポート番号」「ユーザー名」と「パスワード」のオプションを追加する

同様に、「ポート番号」「ユーザー名」「パスワード」のオプションを追加します。変数名は、それぞれ「port」「username」「password」としました(図6-31)。

すべての設定が終わったら、[OK]ボタンをクリックします。

図6-31　「ポート番号」「ユーザー名」と「パスワード」のオプションを追加する

■オプションの値を入力する

これで、オプションの入力欄が出来ました。

この入力欄に、次のように値を入力します(図6-32)。

入力したら、いったん、[保存]ボタンをクリックして、保存します。

●MQTTブローカーのホスト名

「MQTTブローカー」が動作しているホスト名です。

ここでは、このRemotteステーション上で「MQTT Broker」が動作していることを前提とし、「localhost」と入力します。

●ポート番号

「MQTTブローカー」のポート番号を入力します。

デフォルトでは「1883」です。

●ユーザー名/パスワード

MQTT Brokerの設定画面(前掲の図6-12)で設定した「ユーザー名」「パスワード」を入力します。

デフォルトであれば、「my_id」と「my_password」です。

図6-32 オプションを入力する

■1つの構成要素で複数の値を扱う場合の作り方

いままでは、1つの構成要素で1つの種類のデータしか扱ってきませんでした。

しかしこの章で作るアプリでは、「テキスト入力」「色の設定」、そして、さらにあとでは、「CO_2濃度」「温度」「湿度」など、さまざまな値を扱います。

このように1つの構成要素で複数の値を作るときは、それぞれの値に「キー」を付けて管理して、表示部品と結び付けるように作るのが定番の作り方です。

「キーを付けて管理する」と言うのは、構成要素のプログラムでは、データを辞書としてもっておいて、そのキーを[高度な設定]で結び付ける手法です(**図6-33**)。

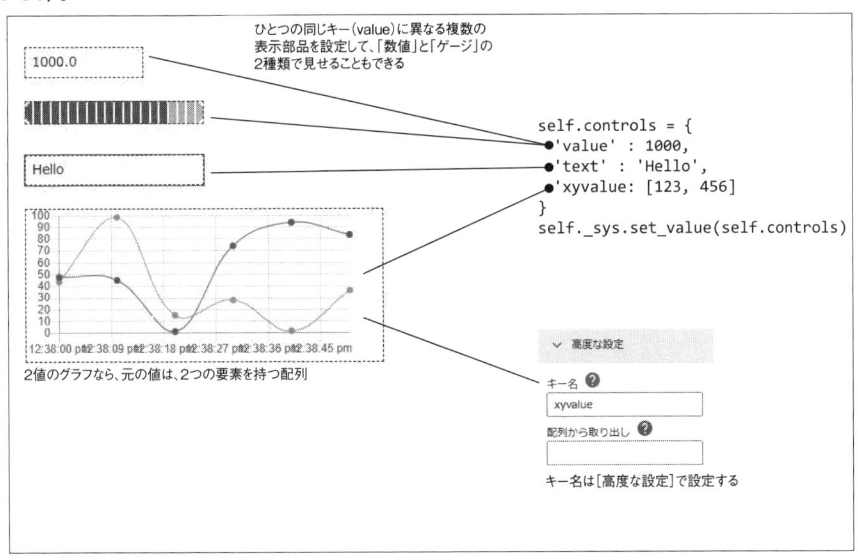

図6-33　1つの構成要素で複数の値を扱う場合の作り方

図6-33に示したように、同じキーに異なる表示部品を結び付けたときは、それを「数値」と「ゲージ」の両方で表示するようにできます。

またグラフなど、「2値」「3値」を表示する表示部品の場合は、配列を設定します。

配列のそれぞれの要素を結び付けたいときは[配列から取り出し]に、「要素の番号」(添字の数)を指定します。

■表示部品を構成する

まずは、「表示部品」から作っていきます。

●必要な表示部品を考える

この章では、たくさんの表示部品を作りますが、ここではいったんの完成形として、**図6-34**に示す利用者画面を考えます。

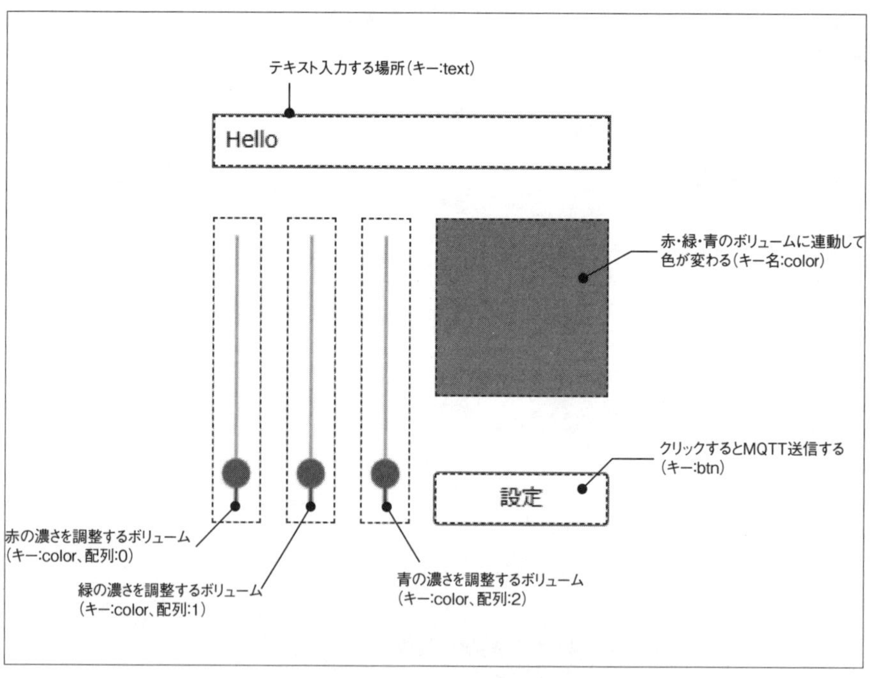

図6-34 今回作成する利用者画面

図6-34では、次の構造でデータをもつことを想定しています。

```
self.controls = {
    'text' : 'Hello',    # テキスト
    'color' : [0, 0, 0]  # 色
}
```

ここで、ポイントとなるのは「color」の部分です。
「color」は、3つの要素を持つ配列としていて「赤」「緑」「青」の濃度を「0~255」で示すものとします。

このとき、**図6-34**に示したように、ボリュームの表示部品には、キーに「color」を指定しつつ、配列に「0」「1」「2」を設定しています。
そのため、ボリュームを調整すると、color[0]、color[1]、color[2]の値が変わるようにできます。

一方で、色が変わる表示部品にも、キーとして「color」を結び付けています。
ということは、この「color」の値の色を表示することから、ボリュームを調整すれば、この色が変わる、という挙動にできるというわけです。

●構成要素を作る流れ

このような複数の種類の表示部品を提供する構成要素を作るときは、「カスタム」として作り、[最新値]の数や[履歴]を増やします。

すると、利用画面上に「未設定の表示部品」が、その数だけ作られるので、種類を変更し、[キー]や[配列から取り出し]を設定して、構築していきます(**図6-35**)。

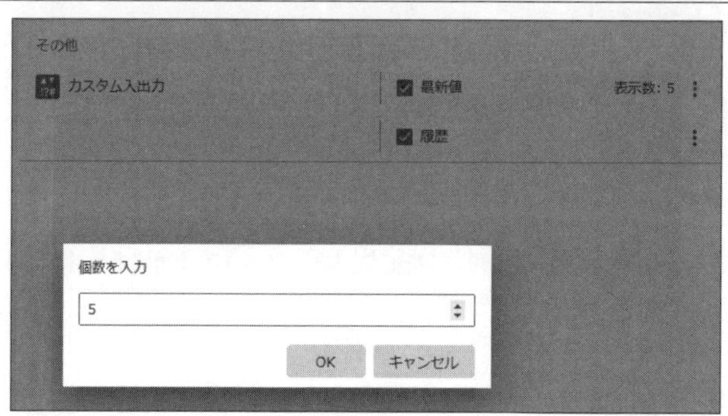

個数を入力すると、画面にその数だけ表示部品ができるので、種類を変更

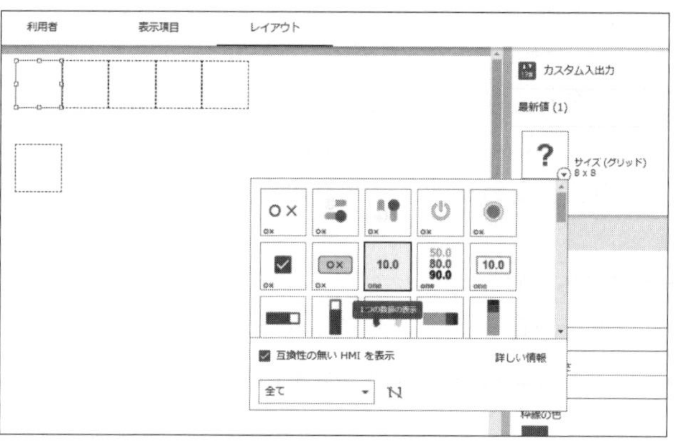

[キー名]と[配列から取り出し]を設定する

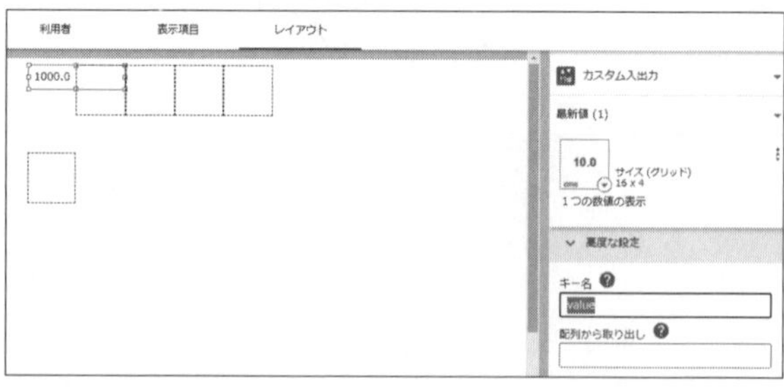

図6-35 1つの構成要素が複数の表示部品を提供する場合の操作の流れ

●表示部品を作る

以上を踏まえて、「表示部品」を作っていきます。

手　順　「テキスト入力」と「色の設定」の２つの表示部品を設定する

[1] 表示部品を増やす

[利用ページ] タブの [表示項目] を開きます。

デフォルトでは、表示部品は１つなので、数を増やします。

ここでは、**図6-34**に示した「６つの表示部品」で構成します。

そこで、右側メニューから [個数を入力] を選択して、「6」と入力します（**図6-36**）。

図6-36　表示部品を増やす

[2] テキストボックスを構成する

まずは、1つめの表示部品を作ります。

[レイアウト]タブをクリックすると、6つの表示部品が表示されていることが分かります。

この内の1つを、テキストボックスに変更します。

どれか1つをクリックで選択して、[テキストの入力と表示]を選びます(図6-37)。

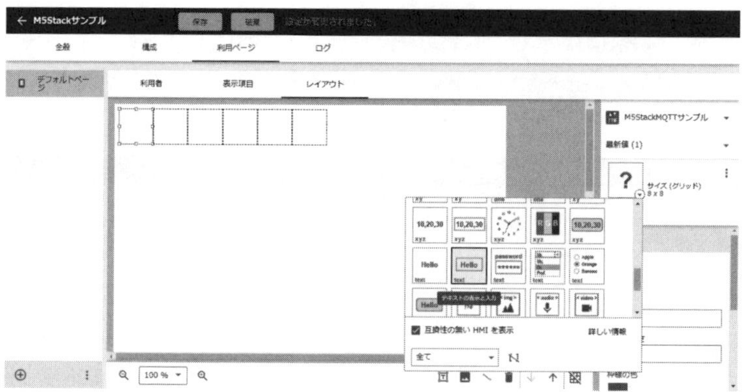

図6-37 [テキストの入力と表示]を選択する

[3] キー名を設定する

表示部品がテキストになったので、この表示部品の「キー名」を設定します。

ここでは「text」に設定しておきます(図6-38)。

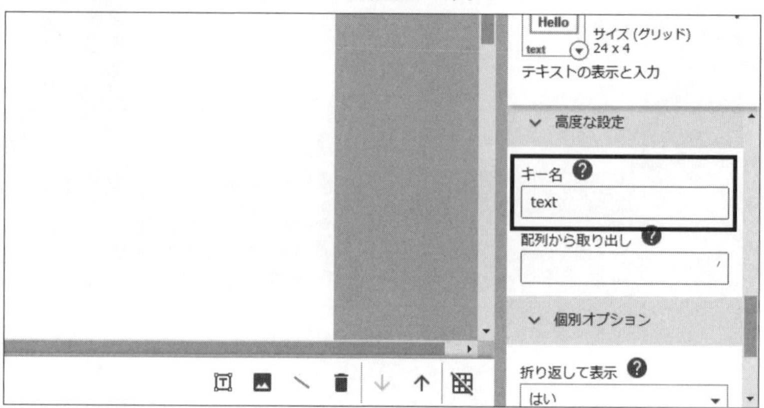

図6-38 [キー名]を設定する

[4]「赤の色設定」に変更する

今度は、色設定の「赤」に相当する部分を作ります。

別の表示項目をクリックして選択します。
[無段階ボリューム(垂直)]を選択しましょう(**図6-39**)。

図6-39　無段階ボリューム(垂直)を選択する

[5] キー名と最小値、最大値を設定する

データに結び付ける「キー」を設定します。
「キー名」として「color」を設定し、「配列から取り出し」には「0」を設定します。
これで、「color[0]」と結び付きます。
そして「最小値」は「0」、最大値は「255」を設定しておきます(**図6-40**)。

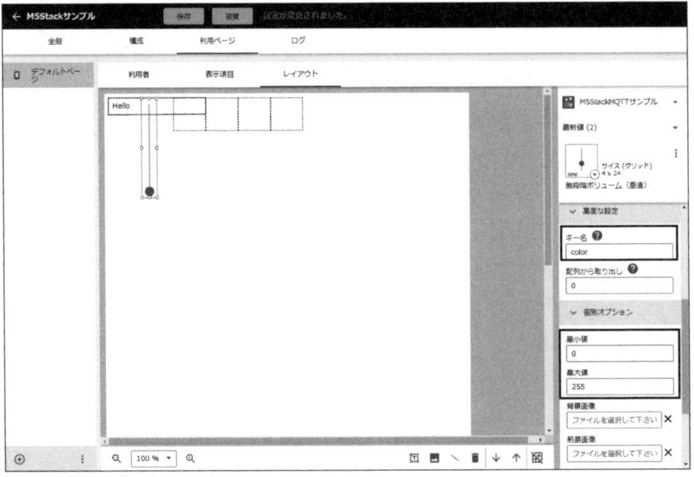

図6-40　キー名と最小値、最大値を設定する

[6]「緑の色設定」に変更する

同様に、「緑」も設定します。

別の表示部品を選択して、先ほどと同じく[無段階ボリューム(垂直)]を選択します。

そして同様に、「キー名」と「最小値」「最大値」を設定します。

ここでも「キー名」は「color」とし、「配列から取り出し」の部分は「1」を設定します。

これで、「color[1]」と結び付きます(**図6-41**)。

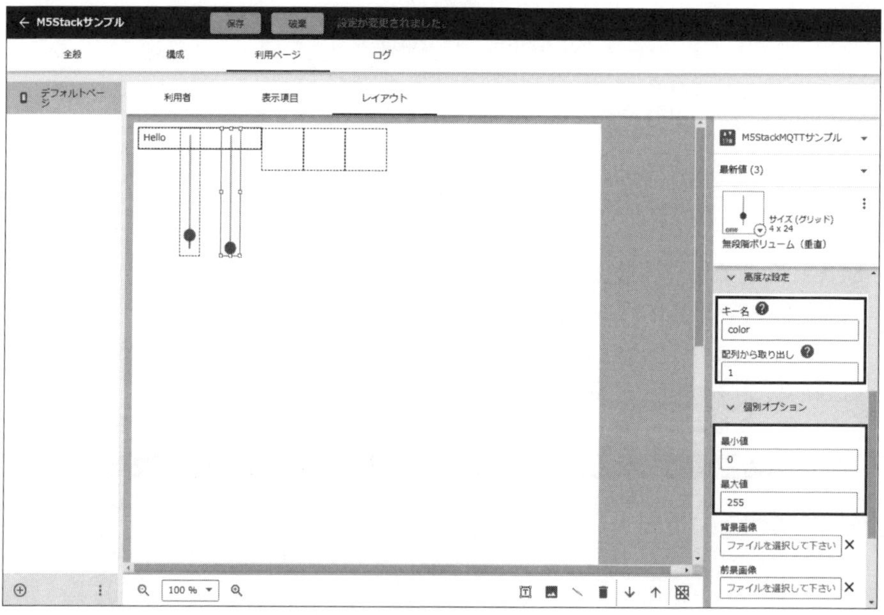

図6-41　赤の色設定に変更する

[7]「青の色設定」に変更する

「赤」「緑」と同様に「青」も設定します。

別の表示部品を選択して、[無段階ボリューム(垂直)]を選択します。

そして同様に、「キー名」と「最小値」「最大値」を設定します。

ここではキー名は、同様に「color」とし、「配列から取り出し」の部分は「2」を設定します。これで、「color[2]」と結び付きます(**図6-42**)。

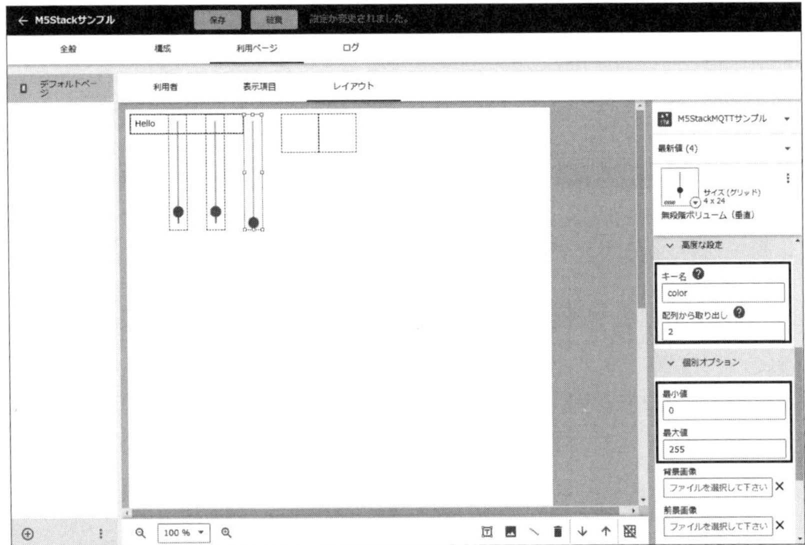

図6-42　緑の色設定に変更する

[8]「色」をプレビューする部分に変更する

次に、「色」をプレビューする部分に変更します。

別の表示部品を選び、[色の描画]を選択します(図6-43)。

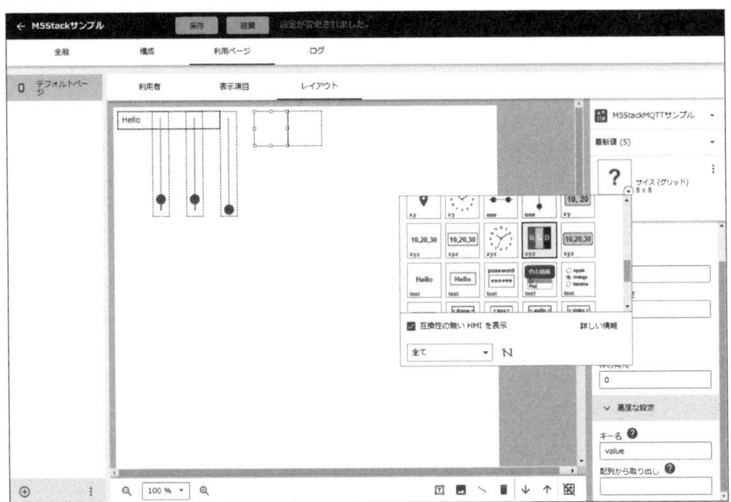

図6-43　色の描画に設定する

[9]「キー名」を設定する

「キー名」を「color」に設定します。

この「color」というキーは、先ほど、無段階ボリュームの「赤」「緑」「青」に設定したものと同じです。

そのため、色の描画の表示部品は、キーの[0]、[1]、[2]、を、それぞれ、「赤」「緑」「青」の値として扱い、その色を表示します。

ここで[0][1][2]は、それぞれ、無段階ボリュームの「赤」「緑」「青」に結び付けたものですから、この設定をすることで、無段階ボリュームを上下すると、それに伴い、ここでの色が変わるというようにできます(図6-44)。

[メモ]

実際には、自動で連動するわけではなく、「control関数」において、システムオブジェクトの「set_value関数」をきちんと呼び出した場合に限られます。

呼び出すと値が設定され、それによって色の描画の表示部品にも反映されるという流れです。

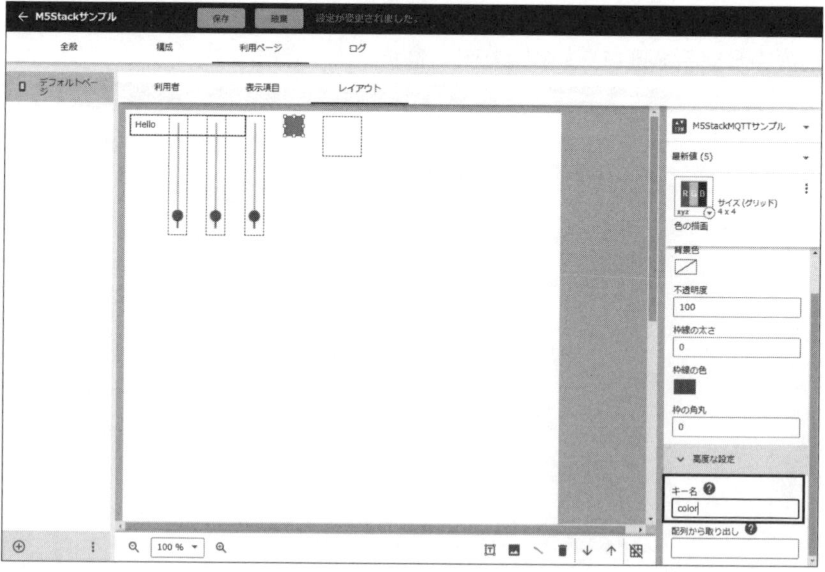

図6-44 [キー名]を設定する

[10] 押しボタンにする

最後の表示部品を押しボタンにします。

まだ設定していない表示部品をクリックして選択し、[固定値出力ボタン(オン/オフ用)]を選択します(図6-45)。

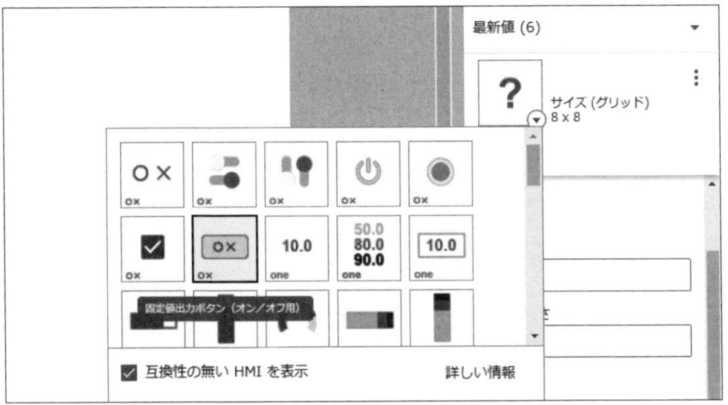

図6-45 ボタンとして構成する

[11] キー名と名前を設定

「キー名」を設定します。ここでは「btn」としておきます。

そして「名前」の部分に、ボタンに表示したいテキストを入れます。
ここでは「設定」としておきます(図6-46)。

変更すると、ボタンに表示されているテキストが変わります。

[メモ]

「値」は、このボタンがクリックされたときに設定したい値(control関数が呼び出されるとき、引数のdataを通じて参照したい値)です。

ここでは「True」としていますが、ほかの値を設定することもできます。

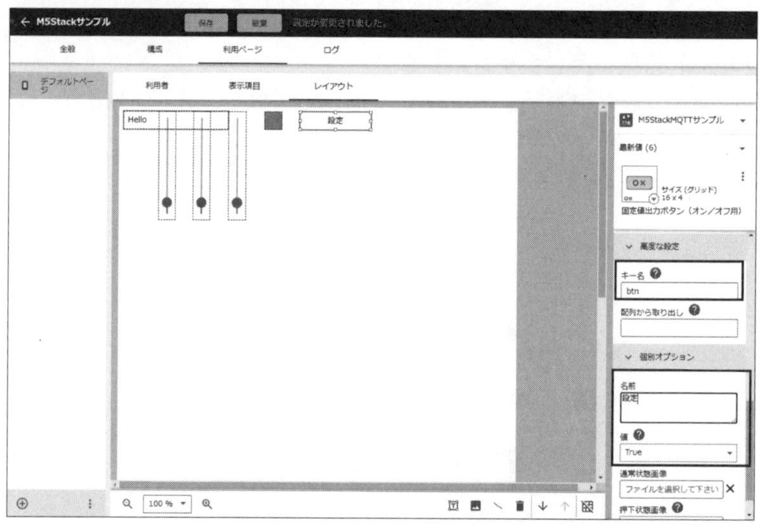

図6-46 [キー名]と[名前]を設定

[12] レイアウトを整える

これで表示部品の設定は終わりです。ドラッグして、操作しやすい場所に動かしてください(図6-47)。

また、ここではしませんが、画面下の「ラベル」「画像」「直線」などのコントロールを使って、飾り付けするのもよいでしょう。

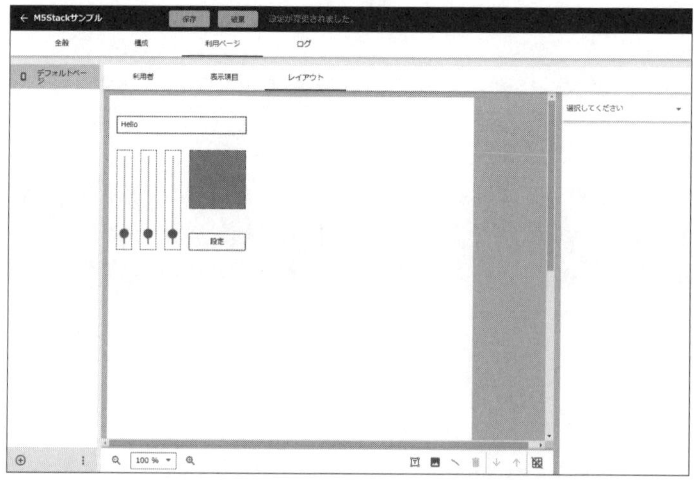

図6-47 レイアウトを整えたところ(見栄えの問題なので、どのように配置してもよい)

以上でレイアウトは終わりです。いくつか「キー」を設定したので、どのようなキーを設定したのか、ここで**表6-1**にまとめておきます。

表6-1　キーの設定

表示部品の種類	キー	配列	用　途
テキスト	text	-	ユーザーが入力するテキストボックス
無段階ボリューム(垂直)	color	0	R(赤)の濃さ(0～255)
無段階ボリューム(垂直)	color	1	G(緑)の濃さ(0～255)
無段階ボリューム(垂直)	color	2	B(青)の濃さ(0～255)
色の描画	color	-	色のプレビュー用
固定値出力ボタン(オン/オフ用)	btn	-	ボタンが押されたとき

●MQTTにパブリッシュするプログラム

これで準備が整いました。

[設定]ボタンがクリックされたときに、入力されたテキストや設定された色をMQTTに送信する部分を作ります。

これまで何度か説明してきたように、ユーザーが表示部品の値を変更したときは、「control関数」が呼び出されるので、そこに処理を書きます。

その処理は、**リスト6-1**の通りです。これを**図6-48**のように入力します。実行すると、**図6-49**のような画面が表示され(レイアウトは、[利用ページ]タブで皆さんが揃えたものとなります)、3つのスライダーを動かすとプレビューの色が変わります。

そして[設定]ボタンをクリックすると、MQTTデータとして送信されますが、ツールが何もない状態で確認するのは困難です。

確認の方法については、次の節で説明するので、ここではひとまず、「スライダーを動かすと色が変わる」というところまで、確認しておいてください。

リスト6-1　input_output.py

```
# ライブラリのインポート
import paho.mqtt.client as mqtt
import json

class InputOutput:
    def __init__(self, sys, opt, log):
        self._sys = sys
        self._opt = opt
        self._log = log

        # 前回起動時の値を取得して設定
        self.controls = self._sys.get_last_value()
        if self.controls is None:
            # 前回データがなければデフォルト値
            self.controls = {
                'text' : '',
                'color' : [0, 0, 0]
            }
        self._sys.set_value(self.controls)

        # 接続に使うオブジェクト変数
        self._client = None

        # 接続する
        self.connect()


    # 接続ルーチン
    def connect(self):
        if self._client is None:
            # MQTTクライアントオブジェクトを作る
            self._client = mqtt.Client()
            # ユーザー名、パスワードの設定
            self._client.username_pw_set(self._
opt['username'], self._opt['password'])
            # 接続コールバック、切断コールバック
            self._client.on_connect = self.on_connect
            self._client.on_disconnect = self.on_disconnect
```

```
            # 接続
            try:
                self._client.connect(self._opt['hostname'],
int(self._opt['port']))
                self._client.loop_start()
            except Exception as e:
                self._log.error(e)

    def on_connect(self, client, userdata, flags, rc):
        # 接続完了したとき
        return

    def on_disconnect(self, client, userdata, rc):
        # 切断したとき
        self._log.info('disconnected')
        self._client = None
        return

    def sense(self):
        # self._sys.set_value({'value': sense_value})
        return

    def control(self, data):
        # 渡された値を自身のオブジェクトに設定
        for k in data.keys():
            if k in self.controls:
                if isinstance(self.controls[k], list):
                    # リストの場合は展開してNone以外のものを設定
                    for idx, value in enumerate(data[k]):
                        if value is not None:
                            self.controls[k][idx] = value
                else:
                    self.controls[k] = data[k]

        # 値を再設定
        self._sys.set_value(self.controls)

        # ボタンがクリックされたときはMQTT送信する
        if 'btn' in data.keys():
            # 接続していなければ接続する
            self.connect()
```

```
            # データをパブリッシュする
            # 送信データをJSONで作る
            jsondata = json.dumps(
                {
                    'text' : self.controls['text'],
                    'color' :  [
                        int(self.controls['color'][0]),
                        int(self.controls['color'][1]),
                        int(self.controls['color'][2])
                    ]
                }
            )

            # 3回リトライする
            try:
                for i in range(3):
                    result = self._client.publish("remotte_
m5stack", jsondata)
                    if result.rc !=  mqtt.MQTT_ERR_SUCCESS:
                        self._log.warn("retry...")
                        self._client.reconnect()
                    else:
                        break;
            except Exception as e:
                print(e)
                self._log.error(e)
            return

    # def share_changed(self, name, data):
    #     return

    # def terminate(self):
    #     return
```

図6-48　リスト6-1を入力したところ

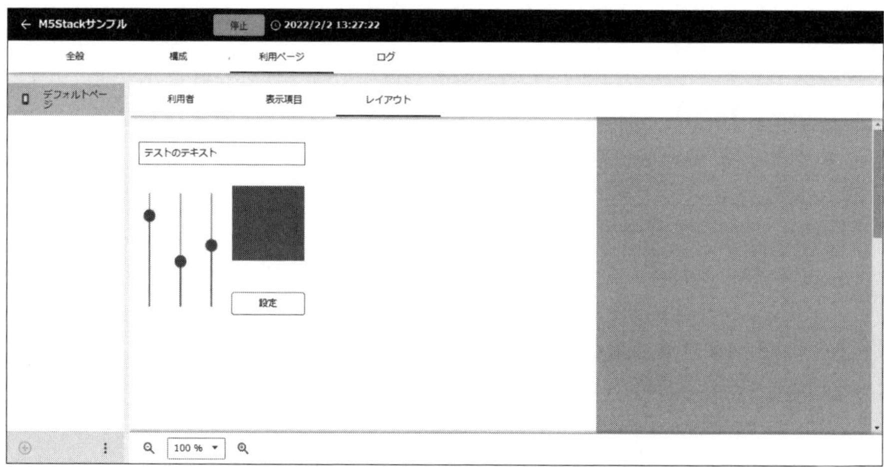

図6-49　スライダーを上下すると色が変わる

●プログラムの動作

リスト6-1に示したプログラムの内容は、次の通りです。

①ライブラリのインポート

「MQTTライブラリ」と「JSONのライブラリ」を、次のようにインポートします。

```
import paho.mqtt.client as mqtt
import json
```

②初期化処理

構成要素の初期化処理をする「__init__関数」では、「controls」というプロパティをもち、そこに、「入力されたテキスト」(text)と「色」(color)の情報をもつようにしました。

ここでは、「前回の値」を取り出して、起動直後に、その値を戻すこともしています。

「システムオブジェクト」(sys)の「get_last_value関数」を呼び出すと、前回の値を取得できます。

```
def __init__(self, sys, opt, log):
    self._sys = sys
    self._opt = opt
    self._log = log

    # 前回起動時の値を取得して設定
    self.controls = self._sys.get_last_value()
    if self.controls is None:
        # 前回データがなければデフォルト値
        self.controls = {
            'text' : '',
            'color' : [0, 0, 0]
        }
```

取得した前回の値、もしくは、こうして初期化した値を、「set_value関数」を呼び出して反映します。

すでにこれまで、「テキストボックス」のキーには「text」、色の「無段階ボリューム」や「描画」のキーには「color」を設定しています。

「set_value関数」を呼び出すことで、「テキストボックスのテキスト」や、「無段階ボリュームの値」、「色の描画の色」などが変わります。

```
self._sys.set_value(self.controls)
```

すぐあとに説明しますが、MQTTに接続するためのオブジェクトを、「_client」というプロパティにもたせることにしました。
初期値としてNoneを設定しておきます。

```
# 接続に使うオブジェクト変数
self._client = None
```

そして、「MQTTブローカー」と接続します。
接続する処理は、別の「connect関数」として実装しており、これを呼び出します。

```
# 接続する
self.connect()
```

③「MQTTブローカー」と接続する

「connect関数」では、次のようにして、「MQTTブローカー」と接続しています。

```
# 接続ルーチン
def connect(self):
    if self._client is None:
        # MQTTクライアントオブジェクトを作る
        self._client = mqtt.Client()
        # ユーザー名、パスワードの設定
        self._client.username_pw_set(self._opt['username'],
self._opt['password'])
        # 接続コールバック、切断コールバック
        self._client.on_connect = self.on_connect
        self._client.on_disconnect = self.on_disconnect

        # 接続
```

```
        try:
            self._client.connect(self._opt['hostname'],
int(self._opt['port']))
            self._client.loop_start()
        except Exception as e:
            self._log.error(e)
```

まず、「self._client」がNoneであるか、つまり、まだ接続のオブジェクトを作っていないか判断し、作っていなければ、「mqtt.Client」オブジェクトを作ります。

```
self._client = mqtt.Client()
```

そして、「ユーザー名」と「パスワード」を設定します。

開発者や管理者が、構成要素の「オプション」で設定したものを参照して渡しています。

```
self._client.username_pw_set(self._opt['username'], self._
opt['password'])
```

次に、「コールバック関数」を設定します。

この「mqtt.Clientオブジェクト」は、「接続が完了した」「切断した」のタイミングで、それぞれ「on_connect」「on_disconnect」を呼び出します。

ここでは、「接続時には、何もしない」「切断時には、ログ出力して_clientをNoneにする(ので、次回のこの関数の呼び出しでは、先ほどの「if self._client is None:」の条件が成り立つので、また新しく接続される)」といった動作にしました。

[メモ]

MQTTサブスクライブする場合(受信する場合)は、「on_connect関数」の処理内に、「サブスクライバとして登録する」という処理を書きます。

その処理については、次節で説明します。

```
def on_connect(self, client, userdata, flags, rc):
    # 接続完了したとき
    return

def on_disconnect(self, client, userdata, rc):
    # 切断したとき
    self._log.info('disconnected')
    self._client = None
    return
```

④ユーザーが表示部品を操作したときの処理

ユーザーが表示部品を操作したときに呼び出される「control関数」では、先ほど「__init__関数」で用意しておいた「controlsプロパティ」に、ユーザーが入力した値を反映します。

```
def control(self, data):
    # 渡された値を自身のオブジェクトに設定
    for k in data.keys():
        if k in self.controls:
            if isinstance(self.controls[k], list):
                # リストの場合は展開してNone以外のものを設定
                for idx, value in enumerate(data[k]):
                    if value is not None:
                        self.controls[k][idx] = value
            else:
                self.controls[k] = data[k]
```

処理が少し複雑なのは、引数dataには、「ユーザーが操作した値」しか含まれていないからです。

すでに**表6-1**に示したように、表示部品には、次のキーを割り当てています。

表示部品の種類	キー	配列	用　途
テキスト	text	-	ユーザーが入力するテキストボックス
無段階ボリューム(垂直)	color	0	R(赤)の濃さ(0~255)
無段階ボリューム(垂直)	color	1	G(緑)の濃さ(0~255)
無段階ボリューム(垂直)	color	2	B(青)の濃さ(0~255)
色の描画	color	-	色のプレビュー用
固定値出力ボタン(オン/オフ用)	btn	-	ボタンが押されたとき

たとえば、ユーザーがテキストボックスのテキストを変更すれば、引数「data」

は、

```
{'text' : ユーザーが設定した値}
```

となり、「color」など、操作していない属性は含まれません。

配列の場合が、さらに少しやっかいで、無段階ボリュームの「赤」(要素0)を変更したときは、

```
{'color' : [値]}
```

ですが、「青」(要素2)の場合は、

```
{'color' : [None, None, 値]}
```

のように、欠けている部分には「None」が設定されます。

プログラム中に、「配列」(list)かどうかを確認して、Noneでない場合に限って値を設定している箇所があるのは、こうしたデータが渡されることを想定しているからです。

上記のコードが実行されることで、「controlsプロパティ」には、今設定された値が反映され、

```
{'text' : ユーザーが設定したテキスト,
 'color' : [赤, 緑, 青]}
```

と、いう情報になります。

これを「set_value関数」で、表示部品へと反映させます。

```
# 値を再設定
self._sys.set_value(self.controls)
```

「color」は、「色の描画」の表示部品に結び付けられているため、この呼び出しによって、「color」の値が反映されて、色が変わります。

⑤ボタンをクリックしたときのMQTTパブリッシュ処理

さらにその処理の後ろには、ボタンがクリックされたときにMQTTパブリッシュする処理が続いています。

ボタンには「btn」というキーを設定しているので、ボタンがクリックされた

かどうかは、次のようにして判定できます。

```
# ボタンがクリックされたときはMQTT送信する
if 'btn' in data.keys():
    …MQTT送信処理…
```

まずは、MQTTブローカーに接続しているかどうかを確認して、もし、接続していなければ、接続します。

```
# 接続していなければ接続する
self.connect()
```

接続されたら、データを送信します。

まずは、次のように、送信するデータをJSON形式で作成します。

```
# 送信データをJSONで作る
jsondata = json.dumps(
    {
        'text' : self.controls['text'],
        'color' :  [
            int(self.controls['color'][0]),
            int(self.controls['color'][1]),
            int(self.controls['color'][2])
         ]
    }
)
```

そして、「publish関数」を使って、データを送信します。

第一引数の「remotte_m5stack」は、MQTTのトピック名です。第二引数が、いま作成したJSONデータ(送信するデータ)です。

```
result = self._client.publish("remotte_m5stack", jsondata)
```

エラーがある場合は、戻り値resultのrcプロパティが、MQTT_ERR_SUCCESS以外の値になります。エラーであれば、再接続してリトライします。

```
if result.rc !=  mqtt.MQTT_ERR_SUCCESS:
    self._log.warn("retry...")
    self._client.reconnect()
else:
```

```
        break;
```

■MQTTのテストをする

このようにMQTTにパブリッシュする処理も実装しているので、[設定]ボタンをクリックしたときは、データが「MQTTブローカー」に送信されているはずですが、何か確認のためのツールがないと、本当に送信されたかを確認できません。

そこでMQTTのツールを使って、送信されたことを確認してみます。

いくつかのツールがありますが、ここでは「**MQTT X**」というオープンソースのMQTTクライアントツールを使います(**図6-50**)。

「Windows版」「Mac版」「Ubuntu版」「Linux版」がありますが、ここでは、Windows版を使います。

MQTT Xのページからダウンロードして、インストールしておいてください。

[MQTT X]

https://mqttx.app/

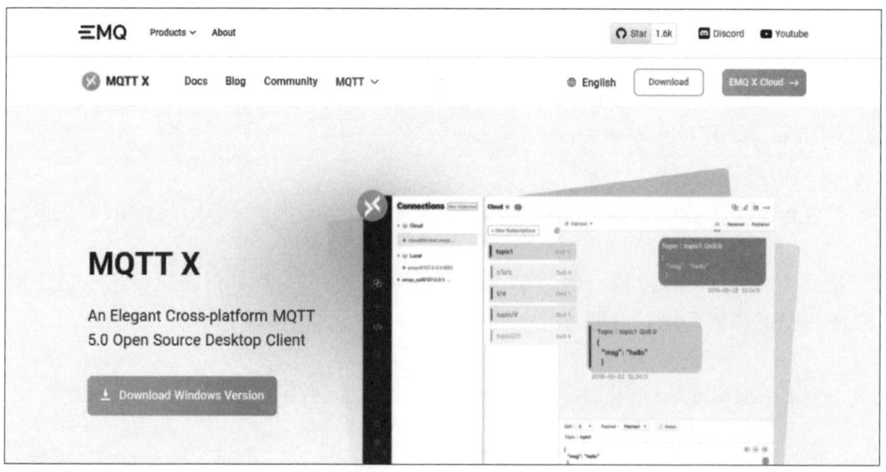

図6-50 MQTT X

●MQTT XでMQTTブローカーに接続する

MQTT Xをインストールしたら、これを使って、動作の確認をしていきましょう。

まずは、Remotte上で、もし、「MQTTブローカー」を起動していないのであれば、起動しておいてください(図6-51)。

図6-51　MQTT Brokerが「実行中」であることを確認する
(実行中でなければ[開始]ボタンをクリックして実行)

そして、MQTT Xを起動して、このMQTT Brokerに接続します。

手 順　MQTT Brokerに接続する

[1] 新しい接続を作る

[New Connection]ボタンをクリックして、新しい接続を作ります(図6-52)。

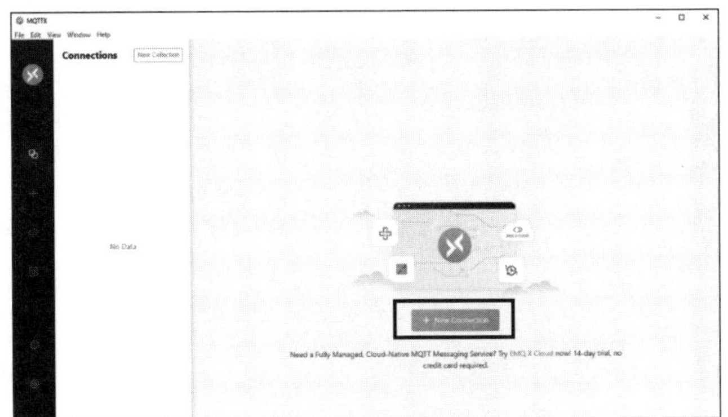

図6-52　新しい接続を作る

[2]「接続先の情報」を設定する

接続先の情報を設定します。

最低限、設定する必要があるのは、次の情報です。

・Name
接続名。
任意の名前でかまわないが、ここでは「Remotte MQTT ブローカー」と入力。

・Host
接続先のホスト名。
自身のPCで動いている「MQTT ブローカー」(Remotte の MQTT Broker)に接続したいので、「localhost」(もしくは「127.0.0.1」でも同じ)と入力。

・Port
接続先のポート番号。Remotte の「MQTT Broker」のポート番号を入力。
デフォルトは「1883」。

・Username
ユーザー名。Remotte の MQTT Broker に設定したユーザー名を入力。
デフォルトは「my_id」。

・Password
パスワード。Remotte の MQTT Broker に設定したパスワードを入力。
デフォルトは「my_password」。

上記を設定したら、右上の[Connect]をクリックします(図6-53)。

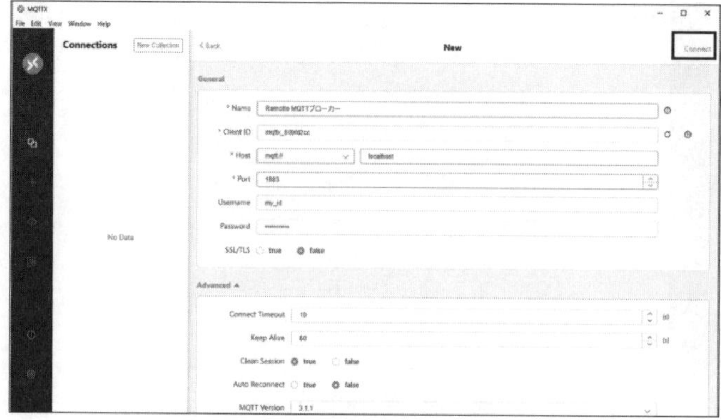

図6-53 接続情報を入力する

[3] サブスクライバとして登録する

MQTTにおいて、届いたデータを見るには、「サブスクライバ」として登録します。

接続すると、**図6-54**の画面が表示されるので、[New Subscription]をクリックします。

[メモ]

接続できないときは、「MQTT Broker」が動いているか、ポート番号が合致しているか、ファイアウォールの設定に問題がないか――など、確認してください。

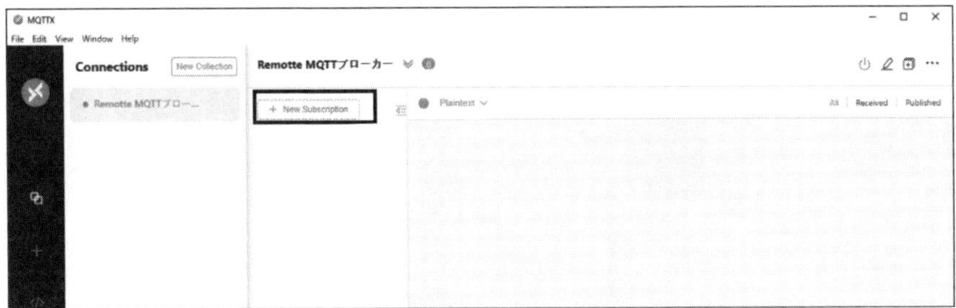

図6-54　接続したところ。[New Subscription]をクリックしてサブスクライバとして登録する

ここで、読み出したい「トピックID」を入力します。

リスト6-1のプログラムでは、「remotte_m5stack」という「トピックID」を使っているので、これを入力します(**図6-55**)。

図6-55　トピック名を入力する

●動作テストする

これで準備完了です。

先ほど作った「Remotteアプリ」を起動し、テキスト入力をしたり、色を設定したりしてから、[設定]ボタンをクリックします(図6-56)。

すると、サブスクライバを設定した「MQTT X」に、送信されたメッセージが表示されるはずです(図6-57)。

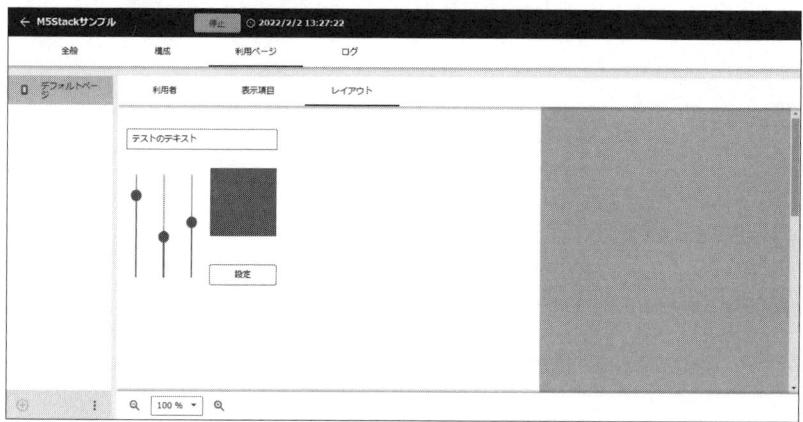

図6-56　Remotteアプリでデータを送信する

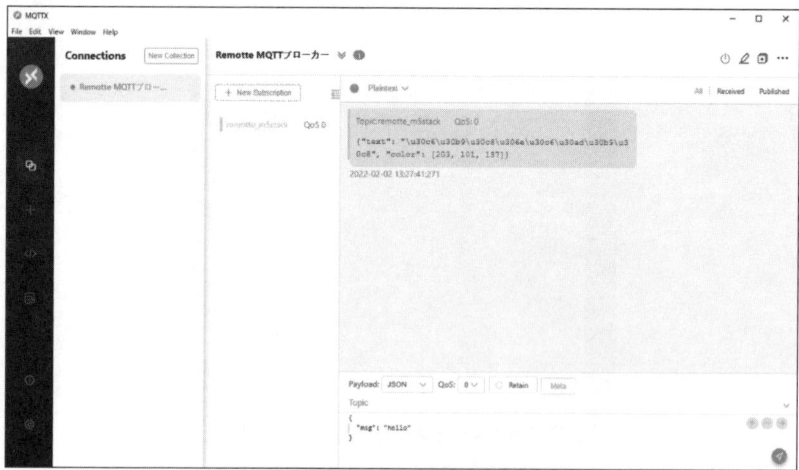

図6-57　MQTT Xにメッセージが届いた

■サブスクライブするM5Stackのプログラムを作る

これで「Remotte側のプログラム」は完成しました。
次に、「M5Stack側のプログラム」を作っていきます。

すでに見てきたように、Remotte側では、

```
{"text": M5Stackに送信するテキスト, "color": [赤, 緑, 青]}
```

※赤、緑、青は、それぞれ明るさを示す0〜255の整数

と、いうデータを送信しているため、M5Stackのプログラムでは、

- **MQTTブローカーに接続してサブスクライバとして登録**
- **データを受信して、それを液晶画面に反映する**

と、いうようなプログラムを作ればよいという話になります。

●Arduino IDEでM5Stackのプログラムを作る

M5Stackのプログラムは、さまざまな方法で作れますが、ここでは「Arduino IDE」を使って作ります。

本書は、M5StackやArduino IDEのプログラミングを解説するのが目的ではないので、細かい説明は省きます。

M5Stackのプログラミングがまったくはじめての人は、拙著「M5Stackではじめる電子工作」(工学社刊)などを参考にしてください。

以下では、少なくとも、「M5Stack」で、「Hello World」のような何かプログラムが書き込めて、実行できていることを前提とします。

「M5Stackのはじめかた」については、下記の公式のクイックスタートも参照してください。

[M5Stack Arduino環境のクイックスタート(公式)]

https://docs.m5stack.com/en/quick_start/m5core/arduino

●M5StackでMQTT通信するプログラム

M5StackでMQTT通信して、受信した「テキスト」や「色」を液晶に反映させるプログラムを、**リスト6-2**に示します。

リスト6-2 M5StackでMQTT通信するプログラム

```
// M5Stack
#include <M5Stack.h>

// LovyanGFX TFTライブラリ
#include <LovyanGFX.hpp>
static LGFX lcd;

// ネットワーク関係
#include <WiFi.h>
#include <PubSubClient.h>

// JSON
#include <ArduinoJson.h>

// SSIDとキー
const char *SSID = "SSIDを書く";
const char *WIFIKEY = "パスワードを書く";

// MQTTブローカー
const char *MQTT_HOST = "IPアドレスを書く";
const int MQTT_PORT = 1883;
const char *MQTT_USERNAME = "my_id";
const char *MQTT_PASSWORD = "my_password";

// クライアントIDとトピック名
const char *MQTT_CLIENTID = "m5stack";
const char *MQTT_TOPIC = "remotte_m5stack";

WiFiClient wificlient;
PubSubClient mqttclient(wificlient);

void setup() {
  M5.begin();
```

●ライブラリのインストール

ここでは、次のライブラリを使っています。

[スケッチ]メニューから[ライブラリをインクルード]―[ライブラリを管理]を選択して、「ライブラリマネージャ」を起動し、それぞれインストールしておいてください。

---

① M5Stack

M5Stackのライブラリです。
M5Stackで開発をしている人は、すでにインストール済みのはずです。

ライブラリマネージャで検索すると、たくさん見つかりますが、「M5Stack」という名前の「by M5Stack」と書かれているものがそれです(図6-58)。

インストールしようとすると、依存関係があるいくつかのライブラリも合わせてインストールするか尋ねられるので、[Install all]を選択して、一緒にインストールしてください。

> ※エラーが出たときは、すでに他のライブラリが入っている可能性があるので、その場合は[Install 'M5Stack' only]を選択して、このライブラリだけをインストールします。

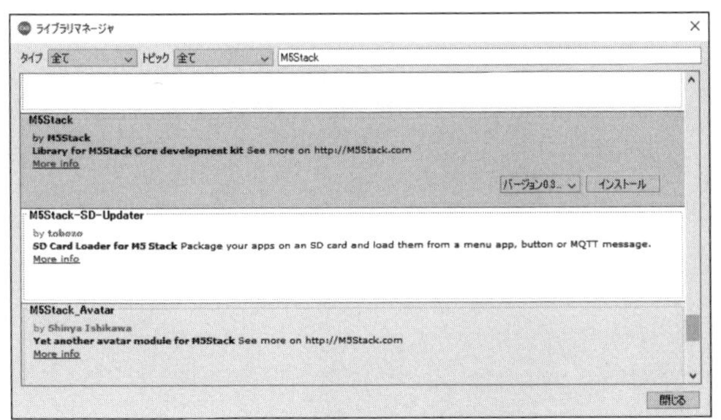

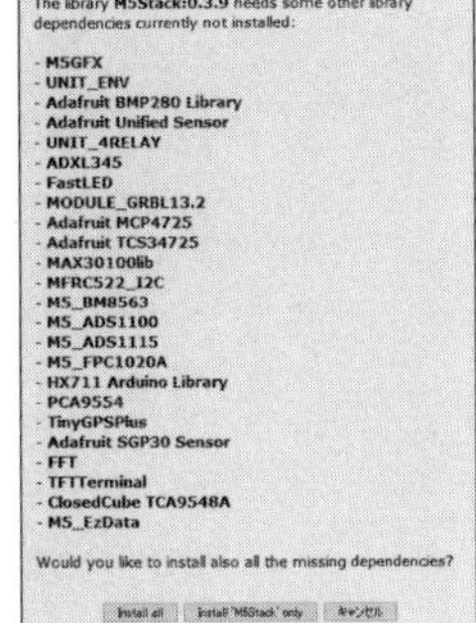

図6-58　M5Stackライブラリのインストール

②LovyanGFX

らびやん氏が作成した「TFTライブラリ」です。

日本語フォントが入っていて、日本語表示もできます(**図6-59**)。

https://github.com/lovyan03/LovyanGFX

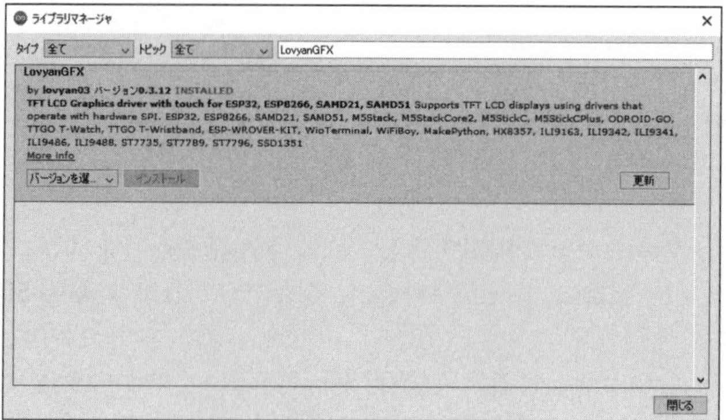

図6-59 LavyanGFXのインストール

③ArduinoJSON

JSONを扱うためのライブラリです(**図6-60**)。

https://arduinojson.org/

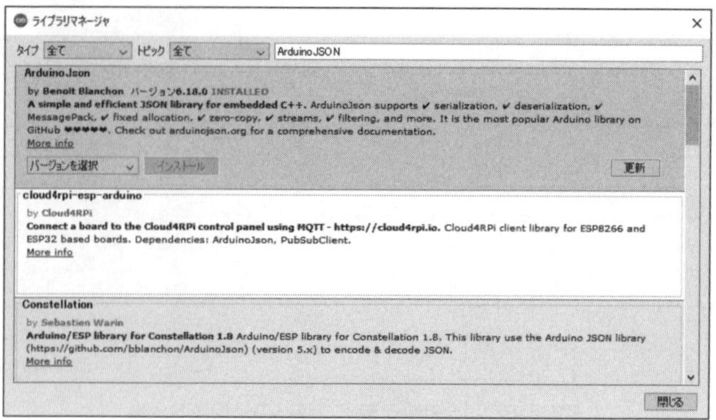

図6-60 ArduinoJSONのインストール

④WiFi

Wi-Fi接続するライブラリです。

Arduino IDEに含まれていますが、念のため確認し、必要ならばインストールします(**図6-61**)。

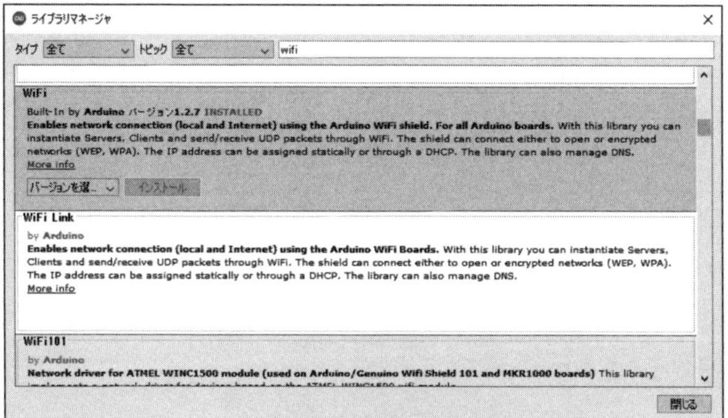

図6-61　WiFiの確認

⑤Arduino Client for MQTT (PubSubClient)

MQTTの「パブリッシャ」および、「サブスクライバ」のライブラリです。

https://pubsubclient.knolleary.net/

ライブラリマネージャから見つけるときは、「PubSubClient」で検索すると、いくつか見つかります。そのうちの「PubSubClient」をインストールします(**図6-62**)。

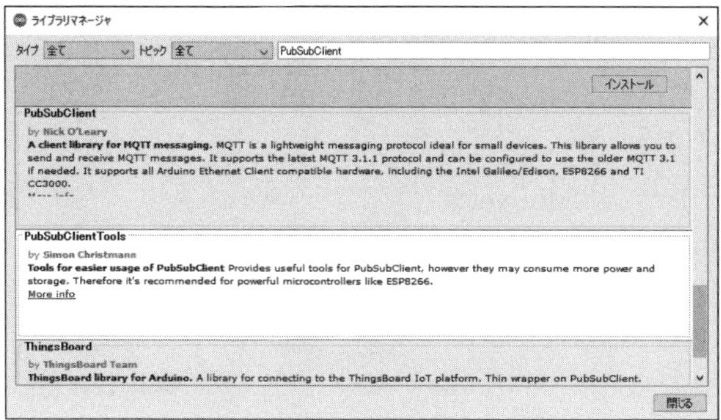

図6-62　PubSubClientのインストール

●ソースコードの調整

リスト6-2を実際に動かすには、次の2つの調整が必要です。

①Wi-FiのSSIDとパスワード

「SSID」と「WIFIKEY」に、接続するWi-Fiネットワーク(家庭内や社内の無線LANルーター)の「SSID」と「パスワード」を設定してください。

```
// SSIDとキー
const char *SSID = "SSIDを書く";
const char *WIFIKEY = "パスワードを書く";
```

②「MQTTブローカー」の情報

次の場所に、接続する「MQTTブローカー」の情報を記述します。

```
// MQTTブローカー
const char *MQTT_HOST = "IPアドレスを書く";
const int MQTT_PORT = 1883;
const char *MQTT_USERNAME = "my_id";
const char *MQTT_PASSWORD = "my_password";
```

今回は、Remotteの「MQTT Broker」を使っているので、「MQTT_HOST」以外は、「MQTT Brokerに設定した値」(前掲の**図6-12**に設定した値)に合わせてください。

MQTT_HOSTとして指定しているIPアドレスは、「MQTTブローカーが動作しているIPアドレス」です。

今回は、「Remotteステーション」で「MQTT Broker」アプリを動かしているので、このIPアドレスは、「Remotteステーションを実行しているPCのIPアドレス」です。

このIPアドレスは、「Remotteコントロールパネル」(ブラウザ操作ではないアプリ)の[ステーション情報]のところで確認できます(**図6-63**)。

しかし、1台のPCで複数のIPアドレスを持っている場合は、このIPアドレスとは違うIPアドレス(M5Stackが接続している無線LANのネットワーク範囲に含まれるIPアドレス。たとえば、192.168.1.XXXや10.0.0.XXXなど)でなければ接続できない可能性があります。

その場合は、コマンドプロンプトを起動して「ipconfig」と入力するか、PowerShellを起動して、次のように入力して一覧を取得して、M5Stackに割り当てられているIPアドレスと上位が同じものを指定してください(図6-64)。

```
(Get-NetIPAddress).IPAddress
```

[メモ]

本書では、「Remotteステーション」と「M5Stack」とは、同一のネットワークに接続されていることを前提としています。

別のネットワークの場合(IPアドレスの上位桁が合致しない場合)は、追加でファイアウォールやNATなどのネットワークの設定をしないと、接続できないことがあります。

Remotte コントロールパネル
実験用ステーション
停止
管理ツール
実行中
2022/02/03 3:34:34
アプリ
ログ
ステーション情報
ステーション ID： dd316093-475b-4da1-b215-42a4c17f41e1
登録日時： 2022/01/08 9:39:34
最終設定変更日時： 2022/02/02 19:06:47
アクセスポート
管理ツールのアクセスポート： 49204
変更
ステーションの管理ツールを表示するには、この PC、または ステーションが接続されているネットワークと同じネットワークに接続されている他の PC、タブレット、スマートフォンのブラウザを使用して、下記の URL にアクセスして下さい。
http://169.254.225.194:49204/

図6-63　RemotteコントロールパネルでIPアドレスを確認したところ

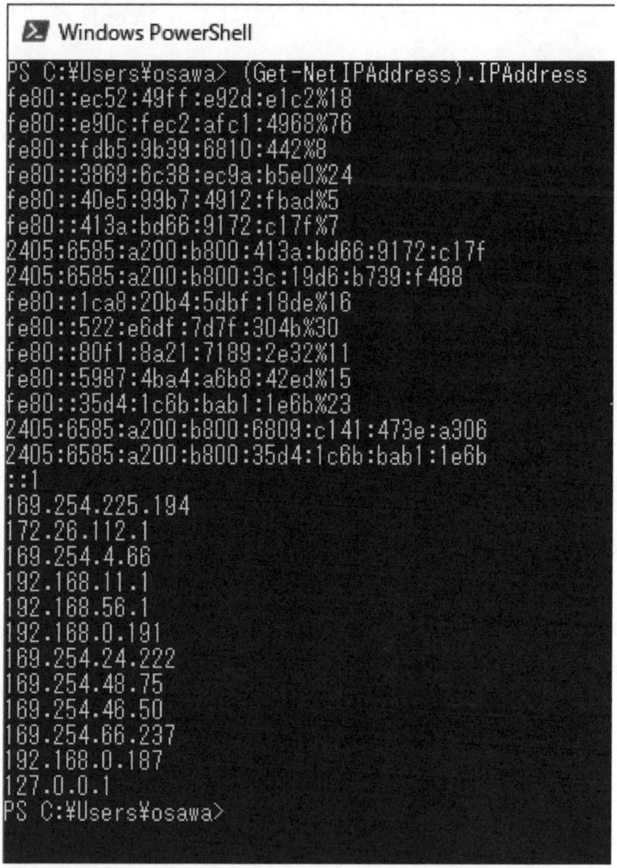

```
Windows PowerShell
PS C:¥Users¥osawa> (Get-NetIPAddress).IPAddress
fe80::ec52:49ff:e92d:e1c2%18
fe80::e90c:fec2:afc1:4968%76
fe80::fdb5:9b39:6810:442%8
fe80::3869:6c38:ec9a:b5e0%24
fe80::40e5:99b7:4912:fbad%5
fe80::413a:bd66:9172:c17f%7
2405:6585:a200:b800:413a:bd66:9172:c17f
2405:6585:a200:b800:3c:19d6:b739:f488
fe80::1ca8:20b4:5dbf:18de%16
fe80::522:e6df:7d7f:304b%30
fe80::80f1:8a21:7189:2e32%11
fe80::5987:4ba4:a6b8:42ed%15
fe80::35d4:1c6b:bab1:1e6b%23
2405:6585:a200:b800:6809:c141:473e:a306
2405:6585:a200:b800:35d4:1c6b:bab1:1e6b
::1
169.254.225.194
172.26.112.1
169.254.4.66
192.168.11.1
192.168.56.1
192.168.0.191
169.254.24.222
169.254.48.75
169.254.46.50
169.254.66.237
192.168.0.187
127.0.0.1
PS C:¥Users¥osawa>
```

図6-64 PowerShellでIPアドレスを確認したところ

●プログラムの動作

リスト6-2では、次のようにすることで、MQTTのデータを受信して処理しています。

①ライブラリのインクルード

冒頭で、必要なライブラリをインクルードします。

```
// M5Stack
#include <M5Stack.h>
```

```
// LovyanGFX TFTライブラリ
#include <LovyanGFX.hpp>
static LGFX lcd;

// ネットワーク関係
#include <WiFi.h>
#include <PubSubClient.h>

// JSON
#include <ArduinoJson.h>
```

②無線LANアクセスポイントへの接続

Arduinoのプログラムは、(1)最初に実行される「setup関数」、(2)繰り返し実行される「loop関数」、の2つで構成されます。

「setup関数」では、「M5Stackや液晶の初期化」「輝度の調整」を実行しています。

「lcd」が、液晶を操作するオブジェクトです。

```
M5.begin();

lcd.init();
lcd.setBrightness(128);
```

そして、無線アクセスポイントに接続します。

これは定番のコードで、次のように、「begin関数」の引数に「SSID」と「パスワード」を指定して接続します。

接続後は、「status」が「WL_CONNECTED」になるまで待ちます。

「WL_CONNECTED」になれば、接続完了です。

```
// アクセスポイントに接続
lcd.print("connecting:");
WiFi.mode(WIFI_STA);
WiFi.begin(SSID, WIFIKEY);

// 接続待ち
while (WiFi.status() != WL_CONNECTED) {
```

```
  delay(1000);
  lcd.print(".");
}
```

③MQTTブローカーに接続

無線LANアクセスポイントに接続したら、次に、「MQTTブローカー」に接続します。そのためのオブジェクトは、次のように定義しています。

```
WiFiClient wificlient;
PubSubClient mqttclient(wificlient);
```

ここで「WiFiClientオブジェクト」は「WiFiを使った汎用的な(TCP/IPの)通信をするオブジェクト」で、「PubSubClient」が「MQTT通信するオブジェクト」です。

接続するには、まず、接続先の「ホスト名」と「ポート番号」を設定します。

```
// MQTTブローカーに接続
mqttclient.setServer(MQTT_HOST, MQTT_PORT);
```

そして次に、「コールバック関数」を設定します。

これは「データを受信したとき」などに呼び出される関数です。

あとで説明しますが、この関数では、届いたデータをJSON形式から元に戻して、テキストを描画したり液晶の色を変えたりする処理をします。

```
mqttclient.setCallback(callback);
```

そして「connect関数」を呼び出して接続します。

「connect関数」には、「クライアントID」「ユーザー名」「パスワード」を指定します。

[メモ]

「認証を必要としないMQTTブローカー」に接続する場合は、ユーザー名とパスワードの引数を省略します。

```
while (!mqttclient.connected()) {
  if (!mqttclient.connect(MQTT_CLIENTID, MQTT_USERNAME,
MQTT_PASSWORD)) {
    lcd.print(mqttclient.state());
  }
  delay(200);
}
```

「クライアントID」は、クライアントを識別する名前です。

ここでは、次のように「m5stack」という固定の名前で用意していますが、好きな名前でかまいません。

実行のたびにランダムな値を設定する(たとえば「m5stack-123456」などランダムな番号を付ける)という実装もよいでしょう。

[メモ]

「クライアントID」は、重複が許されません。

もし「複数台のM5Stack」を、同時に「MQTTブローカー」に接続したいのであれば、それらでクライアントIDが重複しないよう、「ランダムな値」(もしくは明示的にそれぞれ別にした値)を指定しなければなりません。

```
const char *MQTT_CLIENTID = "m5stack";
```

接続したら、「サブスクライバ」として登録します。

引数に指定するのは、「トピックID」です。

```
mqttclient.subscribe(MQTT_TOPIC);
```

ここでは、「Remotteアプリ」で設定したのと同じ、「remotte_m5stack」を指定しています。

そのため、「Remotteアプリ」が、このトピックにデータを送れば、それが届きます。

```
const char *MQTT_TOPIC = "remotte_m5stack";
```

④データ受信の処理

今、説明したように、「subscribe関数」を呼び出してサブスクライブすると、以降、そのトピックに届くデータを受信できるようになります。

トピックにデータが到着したときは、あらかじめ「setCallback関数」で、設定しておいたコールバック関数が呼び出されます。

書式は、次の通りです。
第2引数の「payload」に、「届いたデータ」が格納されています。

```
void callback(char *topic, byte* payload, unsigned int
length)
```

Remotte側では、データをJSON形式で送っているので、そのJSONをパースします。
そのためには、ArduinoJSONライブラリを使って、次のようにします。

```
// JSONをパースする
StaticJsonDocument<256> data;
deserializeJson(data, payload, length);
```

ここで指定している「StaticJsonDocumentオブジェクト」は、静的なバッファを用意してJSONデータをパースする機能を提供します。

ここで指定している「256」は、バッファサイズです。
バッファサイズが小さいと、「deserializeJson関数」の処理に失敗するので、ある程度、余裕をもったバッファサイズを指定しなければなりません。

[メモ]

「ArduinoJson Assistant」(https://arduinojson.org/v6/assistant/)というページで、実際のJSON形式データを入力すると、概ねの必要なバイト数を確認できます。

Remotteアプリ側では、次の形式のJSONデータを送信しています。

```
{"text": M5Stackに送信するテキスト, "color": [赤, 緑, 青]}
```

※「赤」「緑」「青」は、それぞれ明るさを示す「0～255」の整数

そこで次のようにすれば、「色」(color)を取り出して、液晶の色を変えられます。

```
// 色
lcd.fillScreen(lcd.color888(
    (int)data["color"][0],
    (int)data["color"][1],
    (int)data["color"][2]));
```

同様に、入力されたテキストは、次のように取得できます。

```
/ テキスト
const char *text = data["text"];
lcd.setCursor(0, 0);
lcd.print(text);
```

●動作確認する

では、動作を確認しましょう。

「Arduino IDE」で、**リスト6-2**のプログラムを入力し、ビルドしてM5Stackに書き込み、起動しておきます(「MQTT Broker」が動いている必要があります)。

「Remotteアプリ」を起動して、「無段階ボリューム」で色を変更したり、テキストを変更してから[設定]ボタンをクリックします。

すると、入力情報がMQTTを経由してM5Stackに届き、入力したテキストや色が反映されるはずです(**図6-65**)。

[メモ]

MQTTでは、RemotteとM5Stackのどちらを先に接続しなければならないとかの順序の規定はありません。接続していないときは、そのときに届いたメッセージが届かないだけです。パブリッシャもサブスクライバも、いつでもMQTTブローカーに接続でき、必要ないときは切断して、必要になったら、また接続するというやり方で使えます。

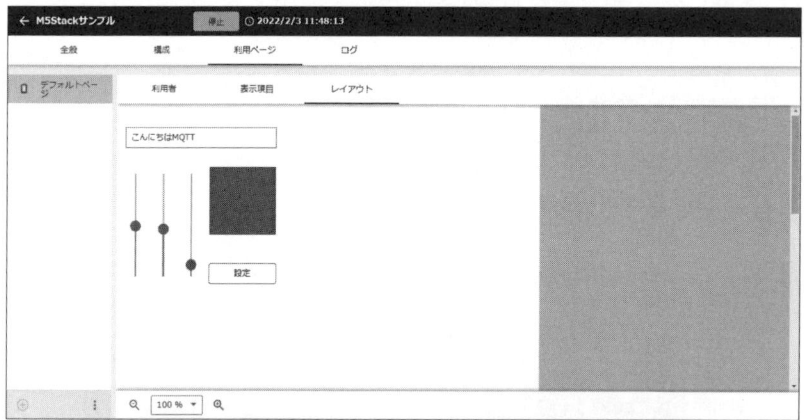

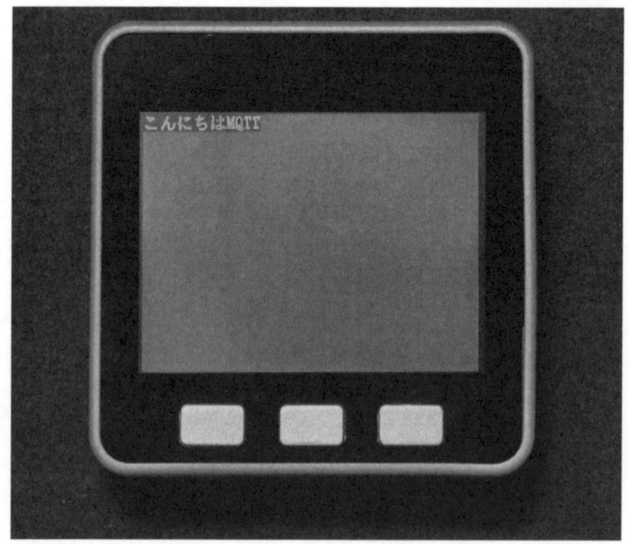

図6-65　RemotteでM5Stackを操作する

6-5 サブスクライブする部分を作る

これで「Remotte→M5Stack」の方向のプログラム、つまり、「Remotteがパブリッシュする側」の実装は終わりです。

次に、M5Stackの3つの押しボタンの状態をRemotteに表示する、「M5Stack→Remotte」方向のプログラム、つまり、「Remotteがサブスクライブする側」の実装を作っていきます。

■パブリッシュするM5Stackのプログラムを作る

この手のプログラムは、「データを送信する側」から作ったほうが作りやすいので、M5Stack側の実装から始めます。

M5Stack側では、「3つのボタン」が押されたかどうかを確認して、押されたときは、次の書式のデータをパブリッシュすることにします。

```
{"btn" : [1番目のボタンのオンオフ, 2番目のボタンのオンオフ, 3番目のボタンのオンオフ]}
```

※オンのときは「1」、オフのときは「0」

[メモ]

以下の実装では、定期的にMQTTにデータを書き出すのではなく、「押しボタンの状態が変わった」というように変化があったときだけデータを送信します。
そうすることで、定期的に送信するのに比べて、データ量を抑えられます。

ただし、状態が変わらない限りは一切のデータが流れないので、「あとからサブスクライバとして登録する」ようなケースでは、次に状態の変化があるまで、現在のデータの状態が分からないということになります。
そういった事態を考えると、(状態が変わらなくても)定期的に送信するほうがよいかも知れません。

このあたりは、状態の反映をすぐにしなければならないのか、それとも、データの総受信量を減らしたいかのトレードオフになると思います。

●ボタンの状態を読み取ってパブリッシュする

ボタンの状態を読み取って、MQTTにその状態をパブリッシュするには、先ほどの**リスト6-2**に示したプログラムの「loop関数」を、**リスト6-3**のようにします。

リスト6-3 ボタンの状態を読み取ってMQTTにパブリッシュする
(「loop関数」のみ掲載。それ以外はリスト6-2と同じ)

```
void loop() {
  // 前回のボタンの状態
  static int before_btn = -1;

  // 受信ループ処理
  if (!mqttclient.loop()) {
    // 再接続
    lcd.print("disconnected. retry");
    while (!mqttclient.connected()) {
      if (!mqttclient.connect(MQTT_CLIENTID, MQTT_USERNAME,
MQTT_PASSWORD)) {
        lcd.print(mqttclient.state());
      }
      delay(200);
    }
    lcd.print("connected");
    // サブスクライブし直す
    mqttclient.subscribe(MQTT_TOPIC);
  }

  // ボタンが押されたときの処理
  int btn = (M5.BtnA.read() << 2) |
            (M5.BtnB.read() << 1) |
            M5.BtnC.read();
  // 現在の値と前の値が違うならデータ送信
  if (before_btn != btn) {
    // JSONデータを作る
    StaticJsonDocument<256> data;
    data["btn"][0] = (btn >> 2) & 1;
    data["btn"][1] = (btn >> 1) & 1;
    data["btn"][2] = btn & 1;

    char json_string[256];
```

```
    serializeJson(data, json_string);

    // 送信(パブリッシュ)
    if (!mqttclient.publish("m5stack_remotte", json_string))
{
      lcd.print("send failed.");
    }
  }
  before_btn = btn;
  M5.update();
}
```

●プログラムの動作

リスト6-3では、次のように処理することで、ボタンの状態をMQTTに送信しています。

①ボタンの状態の把握

M5Stackでは、3つのボタンの、ある瞬間の押下状態は、「read関数」で確認できます。押されていれば「1」、押されていなければ「0」です。

[メモ]

ボタンの押下状況を調べるには、「read関数」ではなく、「wasPressed関数」を使う方法もあります。

こちらは、「その瞬間の状態」ではなく、「1回押されたかどうか」を調べます。

リスト6-3では、これをビットで示し、前回の状態と違っているかを判定しています。前回の状態を示す変数を、次のように用意しました。

```
static int before_btn = -1;
```

そして今回の状態を、次のようにしてビットで示します。

```
// ボタンが押されたときの処理
int btn = (M5.BtnA.read() << 2) |
          (M5.BtnB.read() << 1) |
          M5.BtnC.read();
```

「前回と値が違う」なら、つまり、「ボタンの状態が違っている」なら、MQTTにデータを送信する(パブリッシュする)処理をします。

[メモ]

before_btnは初期値を「-1」に設定している一方で、btnは「0」～「7」のいずれかの状態しかとりません。

そのため、「before_btn != btn」の条件式は、必ず初回は「true」となり、MQTTへの送信が実行されます。

```
if (before_btn != btn) {
…データを送信する…
}
```

②データを作る

「ArduinoJSONライブラリ」を使って、JSON形式のデータを作ります。

「StaticJsonDocumentオブジェクト」を使って、たとえば、次のようにします。

```
// JSONデータを作る
StaticJsonDocument<256> data;
data["btn"][0] = (btn >> 2) & 1;
data["btn"][1] = (btn >> 1) & 1;
data["btn"][2] = btn & 1;
```

そして、これを文字列に変換します。

長さとして指定している「256」は、もちろん、データ長に合わせて修正する必要がありますが、今回の「btn:[値, 値, 値]」という程度の長さであれば、このぐらいで充分です。

```
char json_string[256];
serializeJson(data, json_string);
```

③MQTTへのパブリッシュ

ここまでの前振りが長いものの、MQTTへのパブリッシュは簡単です。

次のように「publish関数」を呼び出すだけです。

```
    // 送信(パブリッシュ)
    if (!mqttclient.publish("m5stack_remotte", json_string))
{
      lcd.print("send failed.");
    }
```

第1引数の「m5stack_remotte」は、MQTTトピック名です。

●動作確認する

次に、「Remotteアプリ」を作っていくわけですが、ここで一度、動作確認しておきましょう。

先ほども動作確認に使った「MQTT Xアプリ」を使って、データが送信されているかを確認します。

手 順　MQTT Xアプリでデータを確認する

[1] サブスクリプションを追加する

「MQTT X」を起動して、先ほどと同様に、「MQTTブローカー」に接続しておきます。

[New Subscription]ボタンをクリックして、新しいサブスクリプションを追加します(**図6-66**)。

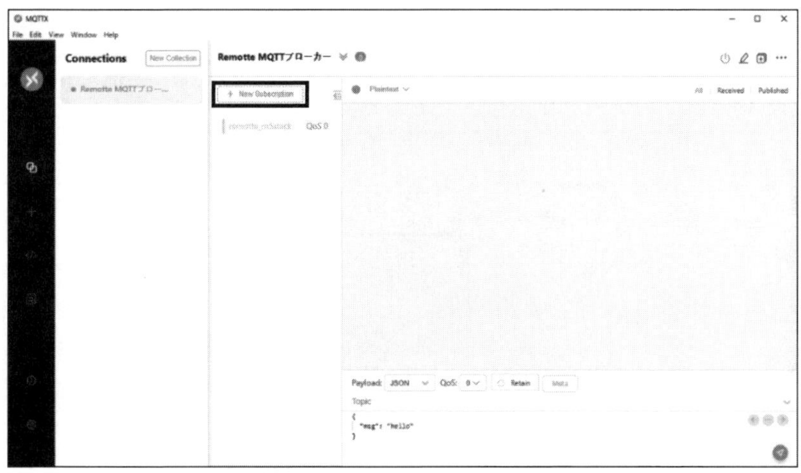

図6-66　サブスクリプションを追加する

[2] M5Stackから送信されるトピックをサブスクリプションとして登録する

M5Stackでは「m5stack_remotte」というトピック名でデータを送信しているので、このトピック名でサブスクリプションを登録します(**図6-67**)。

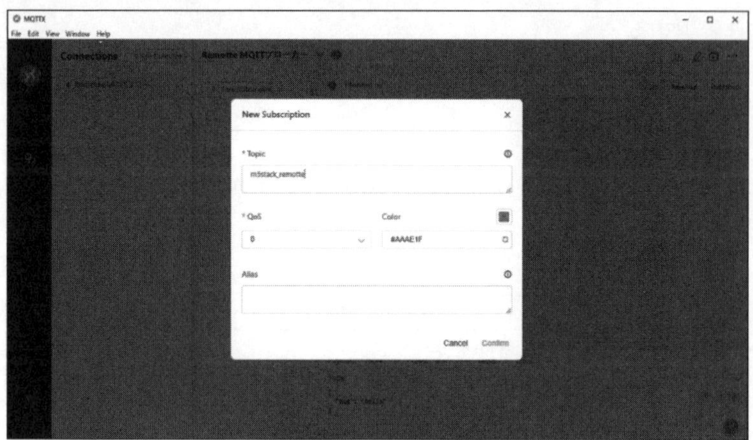

図6-67 サブスクリプションを登録する

[3] M5Stackでボタンを操作する

M5Stackでボタンを操作します。すると、このトピックに、「{"btn" : [値, 値, 値]}」という書式のデータが送信されてくることが分かります(**図6-68**)。

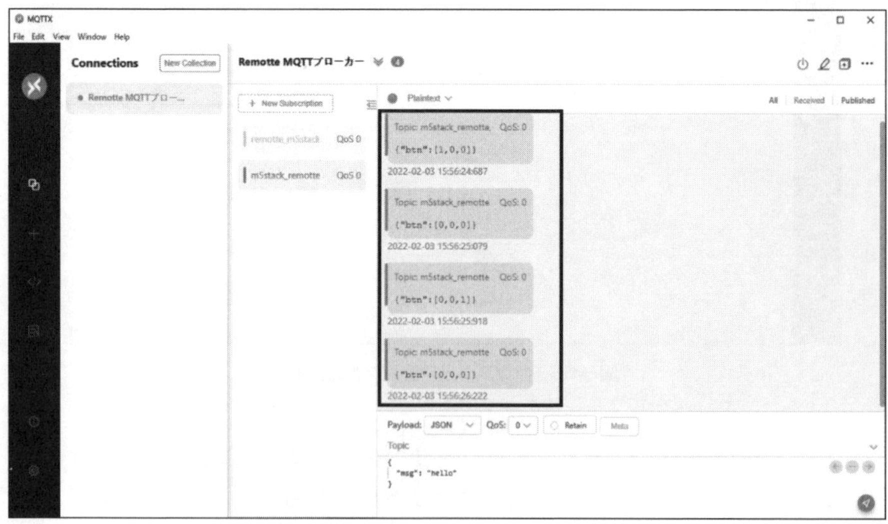

図6-68 データが送信されてきたことを確認する

■サブスクライブする「Remotteアプリ」を作る

次に、「Remotteアプリ」を修正し、このデータをサブスクライブして、画面に「オン・オフ」の状態を示せるようにしていきましょう。

いったん「Remotteアプリ」を停止して、次のように修正していきます。

●表示部品を作る

まずは、次のようにして、表示部品を加えます。

それぞれの表示部品には、「m5btn」というキー名を付け、配列として「0」「1」「2」を設定します。

手 順　表示部品を作る

[1] 表示部品の個数を追加する

[利用ページ]の[表示項目]で、[表示数]のメニューを開いて[個数を入力]で個数入力し、個数を「9」(いままでは「6」のはずです)に変更します(図6-69)。

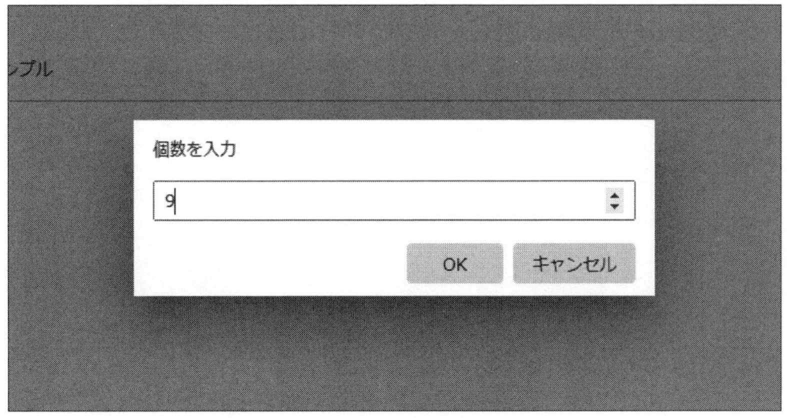

図6-69　個数を変更する

[2] 表示部品の種類を変更する

表示部品の数は今まで「6個」だったので、3つ追加されるはずです。

この内の1つをクリックして選択し、[オン/オフ表示]に切り替えます(図6-70)。

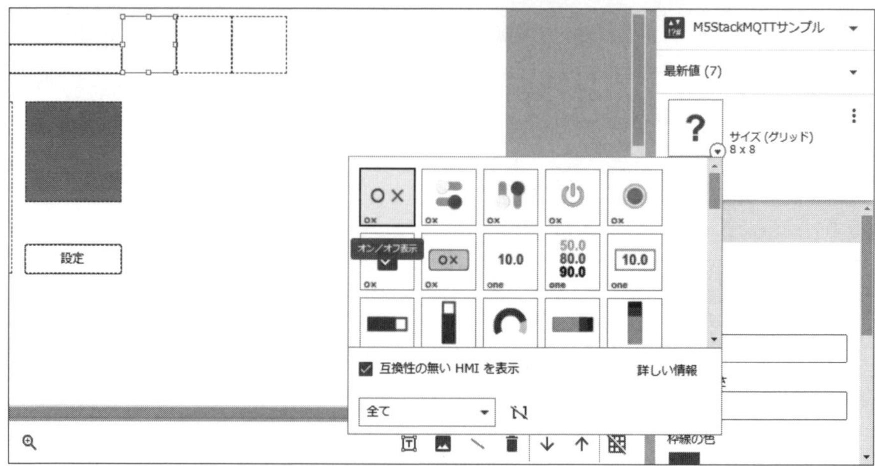

図6-70　[オン/オフ表示]に切り替える

[3]「キー名」と「配列要素」を変更する

[キー名]を「m5btn」に変更して、[配列から取り出し]に「0」と入力します(図6-71)。

これで、この表示部品は、data['m5btn'][0]に結び付けられます。

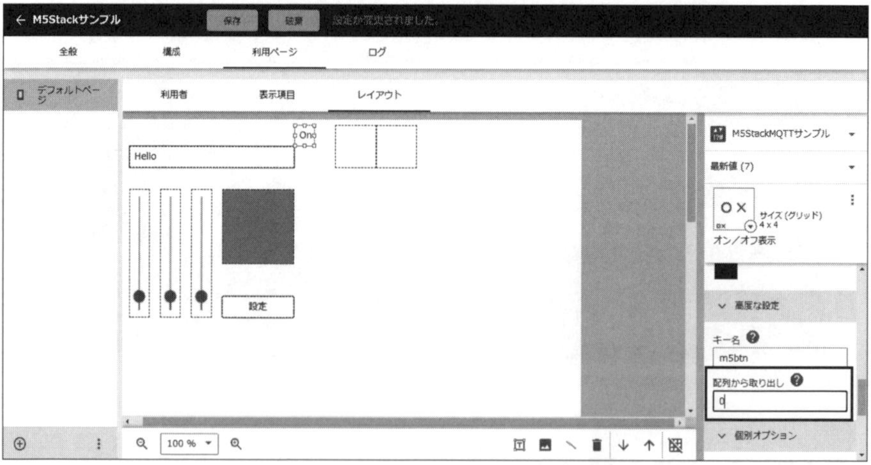

図6-71　[キー名]と[配列から取り出し]を変更する

[4]残りの2つも同様に設定する

残りの2つも同様に設定します。

違うのは、[配列から取り出し]のところで、それぞれ「1」、「2」を設定する点です(**図6-72**)。

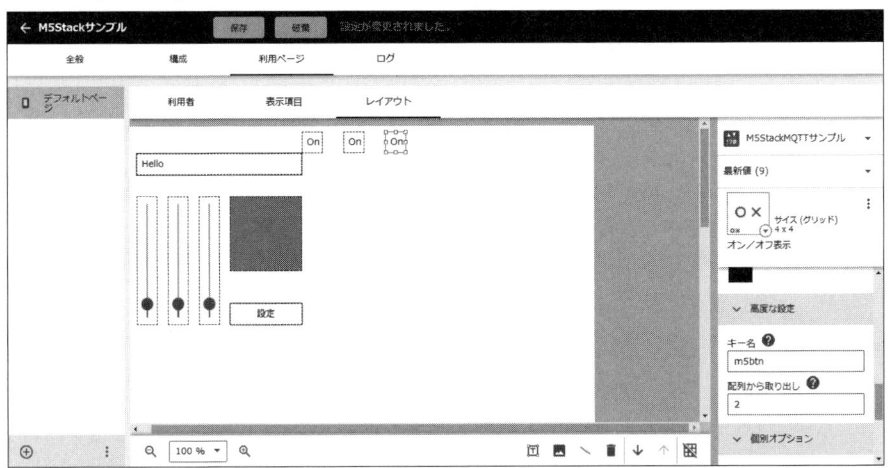

図6-72 残りも同様に設定する。[配列から取り出し]は、それぞれ「1」「2」を設定

●MQTTからサブスクライブするプログラム

「オン/オフ表示」の表示部品に、「m5btn」というキーを割り付けて、それぞれ配列の番号を設定したので、Remotteのプログラムから、「{"m5btn" : [0, 1, 0]}」のようなデータを「set_value関数」で設定すれば、「off」「on」「off」のような表示になるはずです。

MQTTからデータをサブスクライブして設定する処理を作りましょう。

先ほどの**リスト6-1**を、**リスト6-4**のように改良します。

変更は、接続完了したときの「connect関数」とデータが届いたときの「on_message関数」の周りだけです。

保存して開始し、[利用ページ]を確認すると、M5Stackのボタンの状態が、「on」「off」で表示されるはずです(**図6-73**)。

リスト6-4 MQTTからサブスクライブするプログラム
(connect関数とon_message関数の周りのみ抜粋、他はリスト6-1と同じ)

```
# 接続ルーチン
def connect(self):
    if self._client is None:
        # MQTTクライアントオブジェクトを作る
        self._client = mqtt.Client()
        # ユーザー名、パスワードの設定
        self._client.username_pw_set(self._opt['username'],
self._opt['password'])
        # 接続コールバック、切断コールバック
        self._client.on_connect = self.on_connect
        self._client.on_disconnect = self.on_disconnect

        # メッセージ受信関数を設定
        self._client.on_message = self.on_message

        # 接続
        try:
            self._client.connect(self._opt['hostname'],
int(self._opt['port']))
            self._client.loop_start()
        except Exception as e:
            self._log.error(e)

def on_connect(self, client, userdata, flags, rc):
    # 接続完了したとき
    # サブスクライブする(以降、on_messageにデータが届く)
    self._client.subscribe('m5stack_remotte')
    return

def on_message(self, client, userdata, msg):
    # データが届いたとき
    data = json.loads(msg.payload)
    # ボタン情報のとき
    if 'btn' in data:
        # データを反映する
        self.controls['m5btn'] = [
            bool(data['btn'][0]),
            bool(data['btn'][1]),
            bool(data['btn'][2])
```

```
        ]
        self._sys.set_value(self.controls)
```

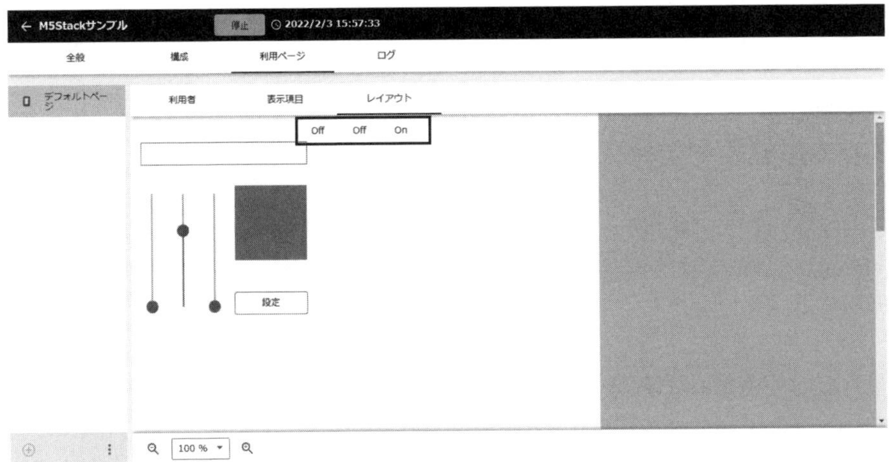

図6-73　動作確認したところ

●プログラムの動作

リスト6-4では、次のように処理することで、MQTTからデータを受信して、Remotteの表示部品へと反映させています。

①メッセージの受信関数の設定

初期化の「__init__関数」の処理では、次のように、「on_messageプロパティ」を設定しています。

これは、「メッセージが届いたとき」に呼び出されるコールバック関数です。

この関数で受信したデータを処理します(その実装は、すぐあとに説明します)。

```
# メッセージ受信関数を設定
self._client.on_message = self.on_message
```

②サブスクライブする

「MQTTブローカー」への接続が完了したときに呼び出される「on_connect関数」では、次のように「subscribe関数」を呼び出して、サブスクライバとして登録します。

```
def on_connect(self, client, userdata, flags, rc):
    # 接続完了したとき
    # サブスクライブする(以降、on_messageにデータが届く)
    self._client.subscribe('m5stack_remotte')
    return
```

引数に指定している「m5stack_remotte」は、「サブスクライブするトピックID」です。

この関数の呼び出しによって、以降、引数に指定している「m5stack_remotte」というトピックにデータが届くと、先に設定した「on_message関数」が呼び出されるようになります。

③データの受信と反映

データを受信したときに呼び出される「on_message関数」は、次の書式です。

```
def on_message(self, client, userdata, msg):
```

引数の「msg」は、「MqttMessageオブジェクト」として構成されており、ここに送信されたデータが含まれます。

このオブジェクトは、次の4つのプロパティを含みます。

・topic　トピックID
・payload　送信されたデータ
・qos　通信品質
・retain　「retain message」かどうか※

※MQTTの仕様でretain messageはキュー中に1つしか存在できない。
送信者がretainフラグを付けて送信すると、retainフラグが設定されている古いデータは、そのデータに置き換わる

データ自体、すなわち、M5Stackから送信したデータは、「payload」に含まれます。M5StackからはJSON形式で送信しているので、これをパースして元に戻します。

```
# データが届いたとき
data = json.loads(msg.payload)
```

そして、データのキーとして「btn」が含まれているなら、それを自身のコントロールの状態を示している「controlsプロパティ」に代入します。

「オン/オフの表示部品」は、「True」か「False」かで値を示すため、「bool」で変換している点に注意してください。

M5Stackからは「0」と「1」として送信しているので、「bool関数」で変換しないと「オン/オフの表示部品」で正しく状態を表示できません。

```
# ボタン情報のとき
if 'btn' in data:
    # データを反映する
    self.controls['m5btn'] = [
        bool(data['btn'][0]),
        bool(data['btn'][1]),
        bool(data['btn'][2])
    ]
```

そして、この値を「set_value関数」で反映させます。

```
self._sys.set_value(self.controls)
```

スペシャルコンテンツについて

これで、Remotteの基本解説は終わりです。

さらにRemotteを使いこなしたい人のための「スペシャルコンテンツ」を用意しました。

ダウンロード方法については、p.6を参照してください。

A 「センサの活用と音声警告、家電の制御」

[技術要素]

- 「GROVEセンサ」の使い方
- 音声を使った警告
- 家電の制御

スペシャルコンテンツAは、第6章の続きです。

Seeed社の「SCD30搭載　CO_2・温湿度センサ(Arduino用)」というセンサをM5Stackに取り付けて、「CO_2濃度」「温度」「湿度」を測り、グラフ表示できるようにします。

そして、「CO_2濃度」が高くなったときには、音声で「換気をしてください」と警告するようにします。

また、TP-Link社の「スマートWi-Fiプラグ」という装置をRemotteから制御して、「CO_2濃度が高いとき」は、自動で「サーキュレータ(扇風機)」が回るようにします。

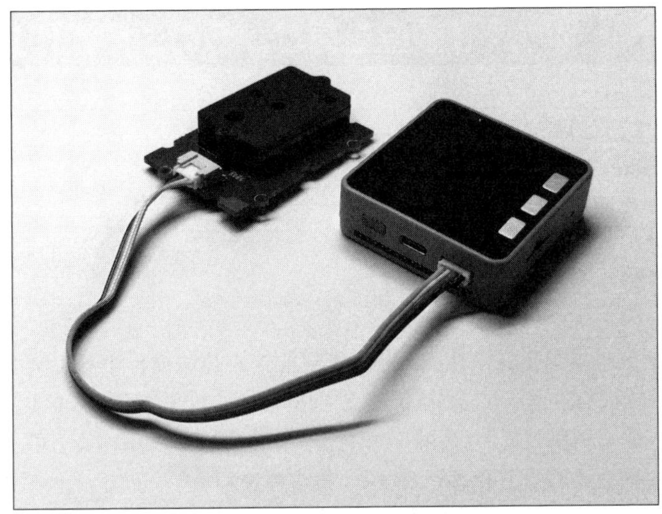

M5Stackに「CO_2センサ」を取り付ける

家電を制御できる「スマートWi-Fiプラグ」

B 「映像を見ながらの遠隔操作」

［技術要素］

・「ビデオ」「音声」の送信
・Raspberry Piを使ったMQTTの制御
・リレーを使った遠隔操作
・ビデオの加工
・「AI」を使った画像分析への布石

スペシャルコンテンツBは、映像を見ながら遠隔操作する実例です。

Remotteでは、簡単な設定で、「動画や音声の配信」ができます。

この機能を利用して、「遠隔でキャッチャーゲームが遊べるもの」を作ります。

制御に使うのは、Raspberry Pi。おもちゃの「キャッチャーゲーム」を改造して、スイッチの部分から配線を引き出して、「リレー」につないで制御します。

リレーには、ビット・トレード・ワン社の「Raspberry Pi用リレー制御拡張基板8回路」を使いました。

Remotteの画面には、「カメラ映像」と「おもちゃを制御するボタン」を置きます。ボタンを押すと、遠隔でキャッチャーゲームが動くプログラムを作っていきます。

Remotteでは、ビデオや音声を配信するだけでなく、「1コマ1コマの画像」をAIなどで処理する仕組みもあります。そうした「1コマ1コマの処理」についても解説します。

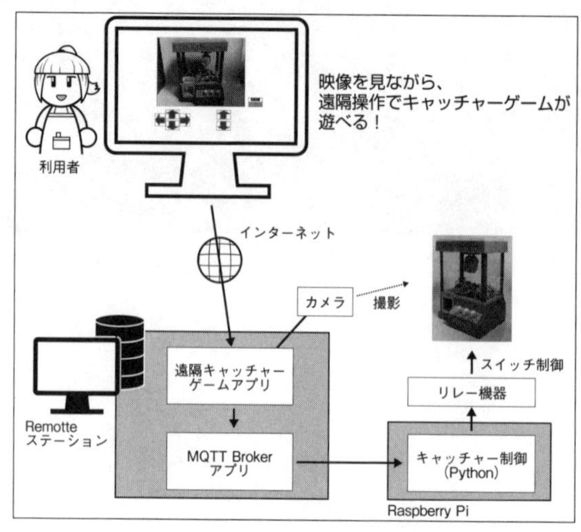

遠隔で「キャッチャーゲーム」が遊べる

索　引

記号

アルファベット

《A》

《B》

《C》

《D》

《E》

《F》

《G》

《H》

《I》

《J》

《K》

《L》

《M》

■著者略歴

大澤　文孝（おおさわ　ふみたか）

テクニカルライター。プログラマー。
情報処理技術者（情報セキュリティスペシャリスト、ネットワークスペシャリスト）。
雑誌や書籍などで開発者向けの記事を中心に執筆。主にサーバやネットワーク、Webプログラミング、セキュリティの記事を担当する。
近年は、Webシステムの設計・開発に従事。

[主な著書]

『「Wio Terminal」で始めるカンタン電子工作』
「TWELITEではじめるカンタン電子工作改訂版」
「Jupyter Notebook レシピ」
『「TWELITE PAL」ではじめるクラウド電子工作』「M5Stackではじめる電子工作」
「Python10行プログラミング」「sakura.ioではじめるIoT電子工作」
「TWELITEではじめるセンサー電子工作」「Amazon Web Servicesではじめる Webサーバ」
「プログラムを作るとは？」「インターネットにつなぐとは？」
「TCP/IPプロトコルの達人になる本」（以上、工学社）

「ゼロからわかる Amazon Web Services超入門 はじめてのクラウド」（技術評論社）

「ちゃんと使える力を身につける Webとプログラミングのきほんのきほん」（マイナビ）

「UIまで手の回らないプログラマのためのBootstrap 3実用ガイド」（翔泳社）

「さわって学ぶクラウドインフラ　docker基礎からのコンテナ構築」（日経BP）

[協力]

リモッテ・テクノロジーズ（株）
https://www.remotte.jp/

本書の内容に関するご質問は、
①返信用の切手を同封した手紙
②往復はがき
③ FAX (03) 5269-6031
（返信先の FAX 番号を明記してください）
④ E-mail　editors@kohgakusha.co.jp
のいずれかで、工学社編集部あてにお願いします。
なお、電話によるお問い合わせはご遠慮ください。

サポートページは下記にあります。

［工学社サイト］
http://www.kohgakusha.co.jp/

I/O BOOKS

Remotteではじめるリモート操作アプリ開発

2022年 3 月20日　初版発行　©2022

著　者　大澤　文孝
発行人　星　正明
発行所　株式会社工学社
〒160-0004 東京都新宿区四谷 4-28-20 2F
電話　(03) 5269-2041（代）［営業］
　　　(03) 5269-6041（代）［編集］
振替口座　00150-6-22510

※定価はカバーに表示してあります。

印刷：（株）エーヴィスシステムズ　ISBN978-4-7775-2185-2